高等学校电子信息系列

电子技术实验教程

主　编　禹永植
副主编　张　驰　靳庆贵

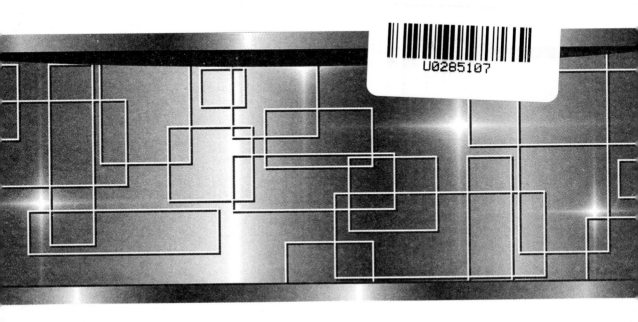

U0285107

HEUP 哈尔滨工程大学出版社

内 容 简 介

本书为了适应近年来电子技术的飞速发展,满足当前教学改革的需要,在以往的实验教材基础上,结合多年的教学成果和教学经验编写而成。全书共7章分为两部分,第一部分为1~4章,介绍电子技术实验的基础知识、常用仪器的操作、Multisim 仿真软件以及 Quartus II 仿真软件的使用;第二部分为5~7章,包含了电子技术基础、综合及创新性的实验内容。

本书与理论教学紧密结合,实验内容包含电子技术的主要理论知识,提供了大量基础实验、综合及创新性实验,不仅使学生易于学习、掌握理论知识,而且能够更快地提高学生对电子电路设计及操作能力。基础实验以验证性实验为主,方便学生自主学习研究;综合性实验帮助学生拓展设计思路。创新性实验激发学生的学习热情,提高工程实践能力。本书借助 Multisim 及 Quartus II 仿真软件进行实验设计,为学生今后的学习、适应技术发展和社会的需要打下良好的基础。

本书可作为高等学校通信、电子信息等专业课程的实验教材,也可供教师及工程技术人员参考。

图书在版编目(CIP)数据

电子技术实验教程/禹永植主编. —哈尔滨:哈尔滨
工程大学出版社,2014.3
ISBN 978 - 7 - 5661 - 0777 - 0

Ⅰ.①电… Ⅱ.①禹… Ⅲ.①电子技术 – 实验 – 高等
学校 – 教材 Ⅳ.①TN – 33

中国版本图书馆 CIP 数据核字(2014)第 049860 号

出版发行	哈尔滨工程大学出版社
社　　址	哈尔滨市南岗区东大直街 124 号
邮政编码	150001
发行电话	0451 – 82519328
传　　真	0451 – 82519699
经　　销	新华书店
印　　刷	黑龙江省地质测绘印制中心印刷厂
开　　本	787mm×1 092mm　1/16
印　　张	10
字　　数	251 千字
版　　次	2014 年 3 月第 1 版
印　　次	2014 年 3 月第 1 次印刷
定　　价	19. 80 元

http://www.hrbeupress.com
E-mail:heupress@ hrbeu. edu. cn

编审委员会成员名单

主　任：阳昌汉

副主任：刁　鸣　　王淑娟　　赵旦峰

编　委：(以姓氏笔画为序)

　　　　叶树江　　白雪冰　　付永庆

　　　　付家才　　杨　方　　杨春玲

　　　　张朝柱　　席志红　　谢　红

　　　　童子权　　谭　峰

再 版 说 明

《国家中长期教育改革和发展规划纲要（2010—2020 年）》明确提出"提高质量是高等教育发展的核心任务"。要认真贯彻落实教育发展规划纲要,高等学校应根据自身的定位,在培养高素质人才和提高质量上进行教学研究与改革。目前,高等学校的课程改革和建设的总体目标是以适应人才培养的需要,培养专业基础扎实、知识面宽、工程实践能力强、具有创新意识和创新能力的综合型科技人才,实现人才培养过程的总体优化。

哈尔滨工程大学电工电子教学团队将紧紧围绕国家中长期教育改革和发展规划纲要以及我校办高水平研究型大学的中远期目标,依托"信息与通信工程"国家一级学科博士点、"国家电工电子教学基地"、"国家电工电子实验教学示范中心"以及"NC 网络与通信实践平台",通过国家级教学团队的建设,明确了电子电气信息类专业的基础课程的改革和建设的总体目标是培养专业基础扎实、知识面宽、工程实践能力强、具有创新意识和创新能力的综合型科技人才。在课程教学体系和内容上保持自己特色的同时,逐步强调学生的主体性地位、注重工程应用背景、面向未来,紧跟最新技术的发展。通过不断深化教学内容和教学方法的改革,充分开发教学资源,促进教学研讨和经验交流,形成了理论教学、实验教学和课外科技创新实践相融合的教学模式。同时完成了课程的配套教材和实验装置的创新研制。

本系列教材包括电工基础、模拟电子技术、数字电子技术和高频电子线路等课程的理论教材和实验教材。本系列教材的特点是:

（1）本系列教材是根据教育部高等学校电子电气基础课程教学指导分委员会在 2010 年最新制定的"电子电气基础课程教学基本要求",并考虑到科学技术的飞速发展及新器件、新技术、新方法不断更新的实际情况,结合多年的教学实践,并参考了国内外有关教材,在原有自编教材的基础上改编而成。既注重科学性、学术性,也重视可读性,力求深入浅出,便于学生自学。

（2）实验教材的内容是经过教师多年的教学改革研究形成的,强调设计型、研究型和综合应用型,并增加了 SPICE 分析设计电子电路以及 EDA 工具软件使用的内容。

（3）与实验教材配套的实验装置是由教师综合十多年的实验实践的利弊,经过反复研究与实践而研制完成。实验装置既含基础内容,也含系统内容;既有基础实验,也有设计性和综合性实验;既有动手自制能力培训,也有测试方法设计与技术指标测试实践。能使学生的实践、思维与创新得到充分发挥。

（4）本系列教材体现了理论与实践相结合的教学理念,强调工程应用能力的培训,加强学生的设计能力和系统论证能力的培训。

本书自出版及修订再版以后,受到了广大读者的欢迎,许多兄弟院校选用本书作教材,有些读者和同仁来信,提出了一些宝贵的意见和建议。为了适应教学改革与发展的需要,经与作者商量,并结合近年的科研教学的经验和成果,以及电子技术的最新发展,决定第三次修订再版,以谢广大读者的信任。

哈尔滨工程大学出版社

2013 年 1 月

前　　言

随着电子技术的迅猛发展,与之相关的实验教学也得到了前所未有的重视。本书满足当前教学改革的需要,在以往的实验教材基础上,结合多年的教学成果和教学经验编写而成。本书可作为高等工科院校通信类、电子类及自动控制专业的实验教材。

本书以巩固和加深对理论知识的理解、掌握电子技术方面的基本实践技能、提高学生灵活应用所学理论知识分析和解决实际问题能力为目的,主要体现实验内容独立化、层次化、实验项目生活化等特色。

1. 为方便学生超前学习,摆脱实验教学过度依赖理论教学、在时间上必须滞后理论教学的观念,使用简洁的语言、浅显的示例取代烦琐的公式推导来讲解实验,使学生只需阅读本教材就能完成基础性实验,而不必拘泥于实验课与理论课的组织顺序,机动灵活。

2. 充分考虑到不同课程、不同教学大纲的实际情况,采用分层次的内容设计,分为基础实验、综合实验、创新实验,可供不同课程、不同专业选择,有利于分层次教学。

3. 密切联系实际生活,结合电子技术课程的应用背景,设置“生活化”的实验项目,如定时插座的设计等,为优秀学生提供发挥空间。

4. 充分利用现代化的 EDA 软件如 Multisim 及 Quartus II 对相关实验内容进行仿真设计,提高了实验效率,拓展了实验的深度和广度,同时也激发了学生的学习兴趣。

本书共分为 7 章。第 1 章介绍电子技术实验的基本理论,包括测量误差及数据的处理等。第 2 章介绍常用的电子仪器的使用,包括示波器、信号发生器、直流稳压电源等。第 3 章通过实例介绍 Multisim 10 软件的主要功能及操作方法。第 4 章通过实例介绍 Quartus II 9.0 软件的主要功能及操作方法。第 5 章为基础实验部分,包括模拟电路及数字电路的验证性实验。第 6 章为综合性实验,先利用 Multisim 或 Quartus II 进行仿真设计,再利用分立元件搭建硬件电路实验。第 7 章为创新性实验,提供一些贴近生活的电路设计题目。

本书的实验由易到难,通过仿真设计及硬件电路实验,使学生逐步学习和掌握电子电路的设计方法和测试方法,着重培养学生的设计能力和实践能力。学生可以根据自己的实际情况选择实验题目进行实验,使得学生能够独立思考、自主学习、研究和创新,充分调动学生的积极性和主动性。

由于编者水平有限,书中难免有错误或不当之处,望广大读者批评指正。

编　者
2013 年 12 月

目　　录

第1章

电子技术实验基本理论

1.1　电子技术实验的目的与要求

1.1.1　电子技术实验的性质、任务与目的

电子技术实验是电子技术课程的一项重要实践环节,对于培养学生理论联系实际的学风,增强其实验能力、综合应用能力和创新意识起着十分重要的作用。

通过实验使学生巩固和加深理解所学的理论知识,训练学生的实验技能,熟悉和掌握常用的电子仪器的使用方法,学会正确使用常用电子元器件,提高实验接线、查线、分析故障、解决问题以及编写实验报告的能力。使学生初步具备一定的科学实验能力和基本技能,培养学生的工程设计能力和一定的创新能力,树立工程实践的观点和严谨的科学作风。

由于科学技术的飞速发展,社会对人才的要求越来越高,不仅要求具有丰富的知识,还要具有更强的对知识的综合运用能力及创新能力,以适应新形势的要求。以往的实验教学中,主要偏重验证性的内容,这种教学模式很难满足现代社会的要求。为提高学生对知识的综合运用能力及创新能力,本书将传统的教学内容划分为基础实验、综合实验、设计性实验几个层次。基础验证性实验教学,可使学生掌握器件的性能、电子电路基本原理及基本的实验方法,从而验证理论并发现理论知识在实际应用中的局限性,培养学生从枯燥的实验数据中总结规律、发现问题的能力。综合性实验侧重于某些理论知识的综合应用,可提高学生对单元功能电路的理解,培养学生了解各功能电路间的相互影响,掌握各功能电路之间参数的衔接和匹配关系,以及模拟电路和数字电路之间的结合,可提高学生综合运用知识的能力。设计性实验是由学生自行设计实验方案并加以实现的实验,可提高学生对基础知识、基本实验技能的运用能力,掌握参数及电子电路的内在规律,是学生接受科学研究的基本训练,是教学科研相结合的一种重要形式。另外,本书结合当前重要的电子仿真软件(如 Multisim 10、Quartus II)对电子电路进行仿真、分析和设计,能够克服电路连接复杂、故障难以查找以及实验箱长期使用导致接触不良等缺点,使学生掌握新技术、新的实验手段,从而激发学生的学习兴趣。

1.1.2 电子技术实验要求

1. 实验准备要求

①实验前应认真阅读实验指导书,明确实验目的、要求,了解实验内容。

②掌握有关电路的基本原理,拟出实验方法和步骤,掌握实验仪器的使用方法。

③设计出记录实验数据的表格。

④初步估算或分析实验结果(包括参数和波形),写出预习报告。

2. 实验操作规程

(1)接插元件与合理布线

接插元器件和导线时要非常细心。接插前,应用镊子将元器件和导线的插脚拉平直;接插时,应小心地用力插入,确保插脚与插座间的良好接触;实验结束后,应轻轻拔下元器件和导线。

仪器和实验电路板之间接线要用颜色线加以区别,便于检查。例如,电源线正极常用红色导线,电源线负极常用黑色导线。另外,信号的传输线应具有金属外套的屏蔽线,不能用普通导线,而且屏蔽线的外壳要接地,否则会引入干扰造成测量结果异常。接线时尽量做到接线短、接点少。

(2)检查实验线路

在连接完实验电路后,不要急于加电,要先仔细检查电路,包括如下内容:

①按照电路图对电路进行检查。这个步骤非常重要,直接影响到实验的成功与否。检查时对照电路图,按照一定的顺序逐一进行检查,查看有没有错线、漏线和多线的问题。

②检查连接导线与原件是否导通。利用万用表的欧姆挡位,按照电路图,逐点检查在电路图中应该连接的点是否都是通的,有电阻的两点之间其电阻是否存在。

③检查电源的正、负极连线及接地是否正确。如果电路复杂,容易将电源正极与地接在一起,造成电源短路,损坏器件。

(3)通电调试

电路检查完毕可以通电,此时要观察电路是否有异常现象,包括有无冒烟、异常气味、元件发烫等,如果出现异常情况应立即切断电源,排除故障后再通电。遇到比较复杂的电路时,应该先连接一级电路,调试正确后,接着再连接并调试下一级电路。这样做可以节省时间,减少出错。

3. 撰写实验报告要求

实验报告是实验工作的总结,是一种重要的基本技能素质训练。实验报告要简明扼要、字迹工整、图表清晰、数据准确,实验报告采用统一的报告用纸。实验报告内容应包括:

①实验项目名称;

②实验目的;

③主要仪器设备及元器件;

④实验内容及步骤;

⑤认真整理和处理测试的数据与波形;

⑥对测试结果进行理论分析,并做出简明扼要的总结;

⑦思考题、讨论题的回答及对实验的改进建议。

1.2　测量误差基本知识

被测量有一个真实值,简称为真值,它由理论给定或由计量标准规定。在实际测量过程中,由于受到测量仪器精度、测量方法、环境条件及测量者能力等因素的限制,测量值与真实值之间不可避免地存在误差,这种误差称为测量误差。

1.2.1　误差的来源

测量误差的来源主要有以下几方面。

1. 观测者

由于观测者感觉器官鉴别能力有一定的局限性,在仪器安置、照准、整平、读数等方面都会产生误差。同时,观测者的技术水平、工作态度及状态对测量结果的质量有着直接影响。

2. 测量仪器

每种仪器都有一定限度的精密程度,因而观测值的精确度也必然受到一定的限度。同时仪器本身在设计、制造、安装、校正等方面也存在一定的误差,如钢尺的刻画误差、度盘的偏心等。

3. 外界条件

观测时所处的外界条件,如温度、湿度、大气折光等因素都会对观测结果产生一定的影响。外界条件发生变化,观测成果将随之变化。

1.2.2　误差的分类

测量误差按其性质可以分为系统误差、随机误差和粗大误差。

1. 系统误差

在规定的测量条件下对同一量进行多次测量时,如果误差的数值保持恒定或按某种确定规律变化,这种误差为系统误差。例如,电压表零点不准,以及温度、湿度、电源电压等变化造成的误差。应根据系统误差的性质和变化规律,通过实验或分析,找出产生的原因,设法消除或削弱误差。

2. 随机误差

随机误差又称偶然误差。在规定的测量条件下对同一量进行多次测量时,如果误差的数值发生不规则变化,这种误差为随机误差。例如,热骚动、外界干扰和测量人员感觉器官无规律的微小变化等引起的误差,均属于随机误差。尽管随机误差是不规则的,但实践证明,如果测量次数足够多,随机误差的平均值的极限就会趋于零。所以,减小随机误差的最直接的办法就是进行多次测量,并将测量结果取算术平均值,从而使其接近于真值。

3. 粗大误差

粗大误差是指因测量人员不正确操作或疏忽大意造成的明显超出预计的测量误差。这种测量数据应当剔除而不应作为测量依据。但是,如果是由于被测电路工作不正常造成的粗大误差,则应做进一步的测量分析。

1.2.3　测量误差的表示方法

误差常用绝对误差、相对误差和容许误差来表示。

1. 绝对误差

如果用 X_0 表示被测量的真值,X 表示测量仪器的示值(即标称值),绝对误差 ΔX 为

$$\Delta X = X - X_0$$

2. 相对误差

在测量不同大小的被测量值时,不能简单地用绝对误差来判断准确程度。例如,在测 100 V 电压时,$\Delta X_1 = 5$ V;在测 10 V 电压时,$\Delta X_2 = 1$ V。虽然 $\Delta X_1 > \Delta X_2$,可实际上 $\Delta X_1 = 5$ V,只占被测量的 5%;而 $\Delta X_2 = 1$ V,却占被测量的 10%。显然在测 10 V 电压时,其绝对误差对测量结果的影响更大。为此,在工程上通常采用相对误差来判断测量结果的准确程度。

相对误差是绝对误差与真值之比值,用百分数来表示,即

$$\gamma = \frac{\Delta X}{X_0} \times 100\%$$

3. 容许误差

容许误差又称满度相对误差、引用误差、最大误差,是用绝对误差与仪器某量程的上限(即满度值)X_m 之比来表示的,记为

$$\gamma_m = \frac{\Delta X}{X_m} \times 100\%$$

我国的电工仪表按容许误差值分为 0.1,0.2,0.5,1.0,1.5,2.5,5 共七个等级。由容许误差定义可知,若用一只满刻度为 150 V 的 1.5 等级的电压表测电压,其最大绝对误差为 $150 \times (\pm 1.5\%) = \pm 2.25$ V。

例如,用 1.5 级电压表测量一个 12 V、50 Hz 的交流电压,现分别选用 15 V 和 150 V 两个量程进行测量,结果如下。

用 150 V 量程时,测量产生的最大绝对误差为

$$150 \times (\pm 1.5\%) = \pm 2.25 \text{ V}$$

用 15 V 量程时,测量产生的最大绝对误差为

$$15 \times (\pm 1.5\%) = \pm 0.225 \text{ V}$$

显然,用 15 V 量程测量 12 V 电压,绝对误差小很多。因此,为减小测量误差,提高测量准确度,应使被测量示值出现在接近满刻度区域,至少应在满刻度值的 2/3 以上。

1.3　测量数据的处理

1.3.1　有效数字的处理

1. 有效数字位数的确定

①一个数据从左边第一个非零数字起至右边一位为止,其间的所有数字均为有效数

字。例如,由电压表测得的电压为 20.8 V,末尾 8 通常是在测量中估计出来的,称 8 为欠准确数字,20 是可靠数字,即 20.8 为三位有效数字。在记录和计算测量数据时,要掌握有效数字的正确取舍。不能认为一个数据中小数点后面位数越多这个数据越准确,也不能认为计算测量结果时保留的位数越多准确度就越高。

②有效数字中,只应保留一位欠准确数字。因此在记录测量数据时,只有最后一位有效数字是"欠准确"数字。欠准确数字中,要特别注意"0"的情况。例如,测量某电阻的数值为 136.0 kΩ,这表明前面三位数 1,3,6 是准确数字,最后一位数 0 是欠准确数字。如果改写成 136 kΩ,则表明前面两位数 1 和 3 是准确数字,最后一位数 6 是欠准确数字。这两种写法尽管表示同一个数值,但实际上却反映了不同的测量准确度。

③当单位变换时,有效数字位数不能改变。例如,被测电流记为 1 000 mA,是 4 位有效数字,表示精确到 mA 级,这时不能写成 1 A,因为这样只有 1 位有效数字了,但是可以写成 1.000 A,仍为 4 位有效数字。反之,如果测量结果是 1 A,就不能写成 1 000 mA。

④对于计量测定或通过计算所得数据,在所规定的精度范围以外的那些数字,一般都应按"四舍五入"的规则处理。对于"5"的处理是:当被舍的数字等于 5,若 5 后还有数字,则可舍 5 进 1;若 5 之后为 0,只有在 5 之前数字为奇数时,才能舍 5 进 1;若 5 之前为偶数(含零),则舍 5 不进位。

2. 有效数字的运算规则

在进行计算时,有效数字保留过多无意义,会使运算复杂,容易出错,影响实验的测量精度,所以有效数字的运算必须符合一定的规则。

(1)加减运算规则

应以小数点后位数最少(精度最差)的数作为标准(如果无小数点,则以有效数字最少者为准),其余各数均舍入到比该数多一位,计算结果保留小数点后的位数应与各数中小数点后位数最少者的位数相同。例如,0.402 + 8.6 + 4.567 + 5.765,应为 0.40 + 8.6 + 4.57 + 5.76 = 19.33,再舍到 19.3。

(2)乘除运算规则

应以小数点后位数最少的数作为标准,其余各数均舍入到比该数多一位,所得的积或商的有效数字位数,应根据舍入原则取至与有效数字位数最少的那个数相同。例如,0.385 × 9.712 × 2.616 44,应为 0.385 × 9.712 × 2.616 = 9.781 5,再舍到 9.78。

1.3.2　测量数据的曲线处理

在电子测量中,有时测量的目的并不只是单纯地要求获得某个或某几个量的值,而是在于求出某几个量间的函数关系或变化规律。此时,用曲线比用数字、公式表示常常更形象、更直观。

1. 画曲线注意事项

①为了避免出差错,首先应将实验数据列表备查。

②选择合适的坐标系。常用的坐标系有直角坐标、极坐标等。

③横、纵坐标的比例不一定一致,也不一定从坐标原点(零值点)开始。坐标比例尺的选择,应以便于读数、分析和使用为原则。

④当自变量变化范围很宽时,一般可以采用对数坐标以压缩图幅。

⑤注意测量点(实验数据)多少的选择。为了便于画曲线,应使各数据点大体沿所作曲线两侧均匀分布;而沿横坐标轴或沿纵坐标轴的分布则不一定是均匀的;另外,在曲线急剧变化的地方,测量点应适当选得密一些,以便能更好地显示出曲线的细节。

2. 曲线的处理

如图 1-1 所示,将各个数据点用折线连接起来得不到一条光滑的曲线,而是一条随机跳动的曲线。如果将靠近的各个数据点连接成一条光滑的曲线,由于每个人估计程度不同如图 1-1 所示,容易形成较大误差。

因此有必要将包含误差的数据绘制成一条尽量符合实际的光滑曲线,这个过程称为曲线的修正。常采用一种简便、可行的工程方法——"分组平均法"。分组平均法是将测量数据点按横坐标分成若干组,每组包含 2~4 个数据点(点数可以相等也可以不相等),求出每组的几何重心的坐标值,再将这些坐标点连起来即做出曲线。这条曲线由于进行了数据平均,在一定程度上减少了测量误差的影响,使作图更方便和准确。如图 1-2 所示,将数据点1,2,3 为一组,4,5 点为一组,5,6,7 点为一组,将每组的重心连接起来,即为所求的曲线,可有效减小绘制曲线的人为误差。

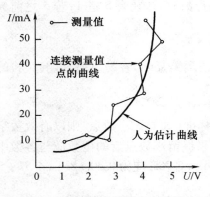

图 1-1 绘制曲线的人为误差

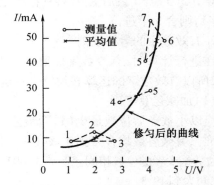

图 1-2 用分组平均法修匀曲线

第2章

常用电子仪器及使用

2.1　DS1102E 数字示波器

DS1102E 型示波器提供了简单而功能明晰的前面板,以进行所有的基本操作。用户可直接按 AUTO 键,立即获得适合的波形显现和挡位设置。DS1102E 控制面板如图 2-1 所示。

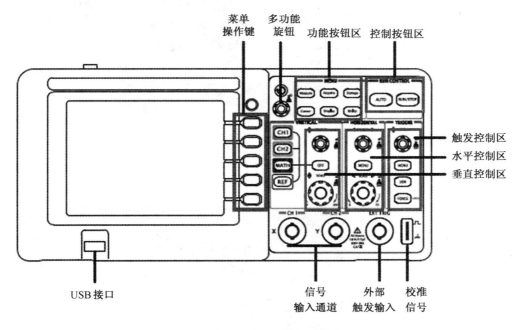

图 2-1　DS1102E 控制面板

由图 2-1 可知,控制面板主要分为以下几个部分:功能按钮区、控制按钮区、垂直控制区、水平控制区、触发控制区、菜单操作键、信号输入通道等。

2.1.1　波形显示的自动设置

DS1102E 型数字示波器具有自动设置的功能。根据输入的信号,可自动调整电压倍

率、时基以及触发方式至最好形态显示。应用自动设置要求被测信号的频率大于或等于
50 Hz,占空比大于1%。

使用自动设置:

①将被测信号连接到信号输入通道。

②按下 AUTO 按钮。

示波器将自动设置垂直、水平和触发控制。如需要,可手工调整这些控制使波形显示
达到最佳。显示界面如图2-2、图2-3所示。图2-2是仅模拟通道打开时的显示界面,
图2-3为模拟和数字通道同时打开时的显示界面。

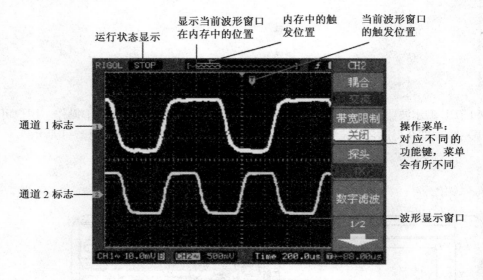

图2-2 显示界面说明(仅模拟通道打开)

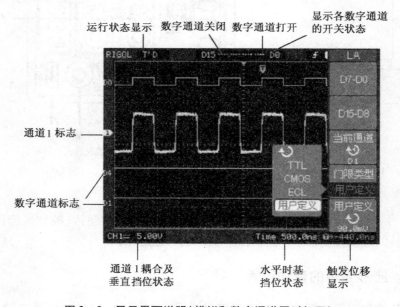

图2-3 显示界面说明(模拟和数字通道同时打开)

2.1.2　垂直系统

如图 2-4 所示,在垂直控制区(VERTICAL)有一系列按键、旋钮。下面介绍垂直设置中常用键的使用。

1. CH1、CH2 通道

该示波器可同时测量 CH1、CH2 两个通道的信号。按 CH1 或 CH2 功能按键,系统显示 CH1 或 CH2 通道的操作菜单,说明见表 2-1。重点掌握耦合方式的选择,可以选择测量信号为直流量或交流量。

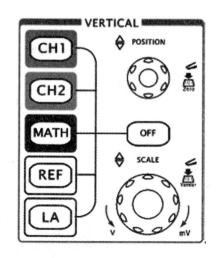

图 2-4　垂直控制系统

表 2-1　CH1/CH2 通道设置菜单

功能菜单	设定	说明
耦合	交流 直流 接地	阻挡输入信号的直流成分 通过输入信号的交流和直流成分 断开输入信号
带宽限制	打开 关闭	限制带宽至 20 MHz,以减少显示噪音 满带宽
探头	1X 5X 10X 50X 100X 500X 1 000X	根据探头衰减因数选取其中一个值,以保持垂直标尺读数准确
数字滤波	/	设置数字滤波
挡位调节	粗调 微调	粗调按 1-2-5 进制设定垂直灵敏度 微调则在粗调设置范围之间进一步细分,以改善垂直分辨率
反相	打开 关闭	打开波形反向功能 波形正常显示

2. MATH 通道

数学运算(MATH)功能是显示 CH1、CH2 通道波形相加、相减、相乘以及 FFT 运算的结果。

3. POSITION 旋钮

当转动垂直旋钮 $\boxed{\text{POSITION}}$ 时,波形上下移动,按下此旋钮使触发位置立即回到屏幕中心。

4. SCALE 旋钮

转动垂直旋钮 $\boxed{\text{SCALE}}$ 改变"Volt/div(伏/格)"垂直挡位,可以发现显示屏左下方状态栏对应通道的挡位显示发生了相应的变化,见图2-5。垂直挡位调节分为粗调和微调两种模式。垂直灵敏度的范围是 2 mV/div 至 10 V/div(探头比例设置为1×)。垂直 $\boxed{\text{SCALE}}$ 旋钮可以作为设置输入通道的粗调/微调状态的快捷键,也可以在图2-5所示的菜单中进行粗调和微调设置。

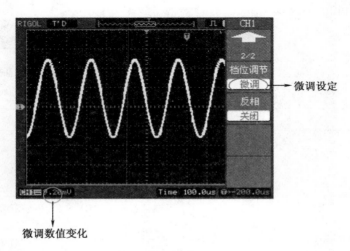

图2-5　挡位调节示意图

2.1.3　水平系统

如图2-6所示,在水平控制区(HORIZONTAL)有一系列按键、旋钮。下面介绍水平设置中常用键的使用。

1. SCALE

转动水平旋钮 SCALE 改变"s/div(秒/格)"水平挡位,可以发现状态栏右下角对应通道的挡位显示发生了相应的变化(见图2-7水平设置标识说明中④标识的说明)。

2. POSITION

当转动水平 POSITION 旋钮,波形左右移动。按下此旋钮使触发位置立即回到屏幕中心。

3. MENU

显示水平菜单。水平设置菜单及说明见表2-2。其中Y-T方式下Y轴表示电压量,X轴表示时间量。X-Y

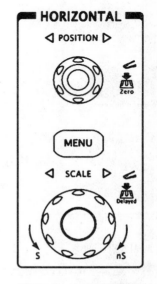

图2-6　水平控制系统

方式下 X 轴表示通道 1 为电压量,Y 轴表示通道 2 为电压量。图 2 - 7 是水平设置各个标志的说明。

表 2 - 2　水平设置说明

功能菜单	设定	说明
延迟扫描	打开 关闭	进入 Delayed 波形延迟扫描 关闭延迟扫描
时基	Y - T X - Y ROLL	Y - T 方式显示垂直电压与水平时间的相对关系 X - Y 方式在水平轴上显示通道 1 幅值,在垂直轴上显示通道 2 幅值 ROLL 方式下示波器从屏幕右侧到左侧滚动更新波形采样点
采样率	/	显示系统采样率
触发位移、复位	/	调整触发位置到中心零点

①此标识表示当前的波形视窗在内存中的位置。
②标识表示触发点在内存中的位置。
③标识表示触发点在当前波形视窗中的位置。
④水平时基显示,即"秒/格"(s/div)。
⑤触发位置相对于视窗中点的水平距离。

2.1.4　自动测量

如图 2 - 8 所示,在 MENU 控制区的 Measure 为自动测量功能按键。

按 Measure 自动测量功能键,系统显示自动测量操作菜单。该示波器具有 10 种电压测量和 10 种时间测量。测量功能菜单及说明见表 2 - 3。

表 2 - 3　测量功能菜单说明

功能菜单	显示	说明
信源选择	CH1 CH2	设置被测信号的输入通道
电压测量	—	选择测量电压参数
时间测量	—	选择测量时间参数
清除测量	—	清除测量结果
全部测量	关闭 打开	关闭全部测量显示 打开全部测量显示

1.电压测量
示波器可以自动测量的电压参数包括峰峰值、最大值、最小值、平均值、均方根值、顶端

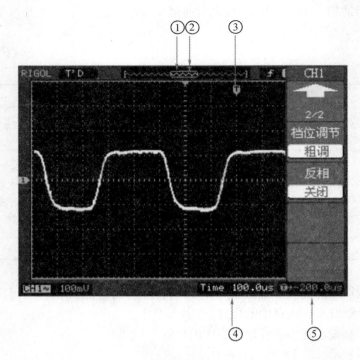

图 2 – 7　水平设置标识说明

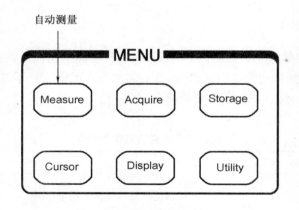

图 2 – 8　自动测量功能按钮

值、底端值。图 2 – 9 表述了一系列电压参数的物理意义。

　　峰峰值(V_{pp}):波形最高点波峰至最低点的电压值。

　　最大值(V_{max}):波形最高点至 GND(地)的电压值。

　　最小值(V_{min}):波形最低点至 GND(地)的电压值。

　　幅值(V_{amp}):波形顶端至底端的电压值。

　　顶端值(V_{top}):波形平顶至 GND(地)的电压值。

　　底端值(V_{base}):波形平底至 GND(地)的电压值。

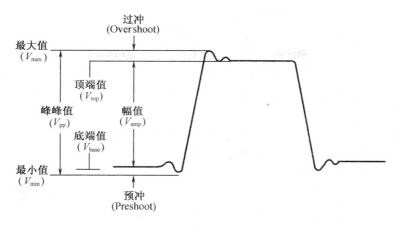

图 2 – 9　电压参数示意

过冲(Overshoot):波形最大值与顶端值之差和幅值的比值。

预冲(Preshoot):波形最小值与底端值之差和幅值的比值。

平均值(Average):单位时间内信号的平均幅值。

均方根值(V_{rms}):即有效值。依据交流信号在单位时间内所换算产生的能量,对应于产生等值能量的直流电压,即均方根值。

2. 时间测量

示波器可以自动测量信号的频率、周期、上升时间、下降时间、正脉宽、负脉宽、延时 1→2 ⌐⌐、延时 1→2 ⌐⌐、正占空比、负占空比十种时间参数的自动测量。图 2 – 10 为时间参数示意图。

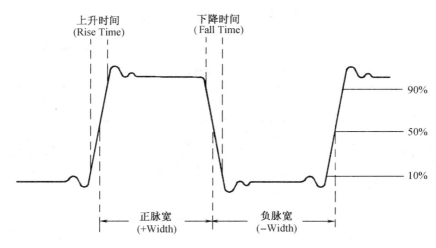

图 2 – 10　时间参数示意图

上升时间(Rise Time):波形幅度从 10% 上升至 90% 所经历的时间。

下降时间(Fall Time):波形幅度从 90% 下降至 10% 所经历的时间。

正脉宽(+ Width):正脉冲在 50% 幅度时的脉冲宽度。

负脉宽(- Width):负脉冲在 50% 幅度时的脉冲宽度。

延时 1↦2 ⎍(Delay1→2 ⎍):通道 1、2 相对于上升沿的延时。

延时 1→2 ⎍(Delay1→2 ⎍):通道 1、2 相对于下降沿的延时。

正占空比(+ Duty):正脉宽与周期的比值。

负占空比(- Duty):负脉宽与周期的比值。

3. 操作说明

①选择被测信号通道:Measure →信源选择→CH1 或 CH2。

②选择参数测量:Measure→电压测量或时间测量→相应参数。

③获得全部测量数值:Measure→全部测量。

测量参数可以在屏幕下方直接读取,最多可同时显示 3 个,当显示已满时,新的测量结果会导致原结果左移,从而将原屏幕最左端的结果挤出屏幕之外。若显示的数据为"＊＊＊＊＊",表明在当前的设置下,此参数不可测。当选择 Measure→清除测量,此时,所有屏幕下端的自动测量值将从屏幕消失。

2.1.5 光标测量

如图 2 – 11 所示,在 MENU 控制区的 Cursor 为光标测量功能按键。

光标模式允许用户通过移动光标进行测量,当光标功能打开时,测量数值自动显示于屏幕右上角。光标测量分为以下三种模式。

1. 手动方式

手动光标测量方式是测量一对 X 光标或 Y 的坐标值及二者间的增量。手动测量菜单及说明见表 2 –4。

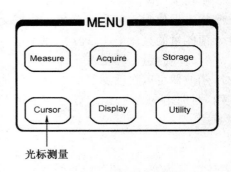

图 2 –11　光标测量功能按钮

表 2 –4　手动测量菜单说明

功能菜单	设定	说明
光标模式	手动	手动调整光标间距以测量 X 或 Y 参数
光标类型	X	光标显示为垂直线,用来测量水平方向上的参数
	Y	光标显示为水平线,用来测量垂直方向上的参数
信源选择	CH1 CH2 MATH/ FFT	选择被测信号的输入通道

选择 X 光标类型时,屏幕上将出现一对垂直光标 CurA 和 CurB,通过 CurA 和 CurB 可测量对应波形处的时间值及二者之间的时间差值。通过旋动多功能旋钮改变光标"↻"的位置,将获得相应波形处的时间值及差值,如图 2 –12 所示。

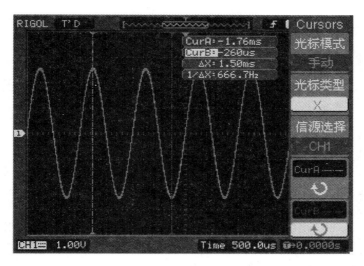

图 2 – 12 手动模式光标测量

选择 Y 光标类型时,屏幕上将出现一对水平光标 CurA 和 CurB,可测量对应波形处的电压值及二者之间的电压差值。通过旋动多功能旋钮改变光标"↻"的位置,将获得相应波形处的电压值及差值。操作步骤如下。

①选择手动测量模式:Cursor→光标模式→手动。

②选择被测信号通道:Cursor→信源选择→CH1 或 CH2。

③选择光标类型:Cursor→光标类型→X 或 Y。

④旋动多功能旋钮"↻"以调整光标间的增量。

⑤获得测量数值:光标 1、2 的水平间距(ΔX),即光标间的时间值。光标 1、2 的垂直间距(ΔY),即光标间的电压值。

2. 追踪方式

水平与垂直光标交叉构成十字光标。十字光标自动定位在波形上,通过旋动多功能旋钮"↻"可以调整十字光标在波形上的水平位置。示波器同时显示光标点的坐标。追踪测量菜单及说明见表 2 – 5 所示。

表 2 – 5 追踪测量菜单及说明

功能菜单	设定	说明
光标模式	追踪	设定追踪方式,定位和调整十字光标在被测波形上的位置
光标 A	CH1	设定追踪测量通道 1 的信号
	CH2	设定追踪测量通道 2 的信号
	无光标	不显示光标 A

表 2 – 5(续)

功能菜单	设定	说明
光标 B	CH1 CH2 无光标	设定追踪测量通道 1 的信号 设定追踪测量通道 2 的信号 不显示光标 B
CurA （光标 A）	↻	设定旋动多功能旋钮"↻"调整光标 A 的水平坐标
CurB （光标 B）	↻	设定旋动多功能旋钮"↻"调整光标 B 的水平坐标

光标追踪测量方式是在被测波形上显示十字光标,通过移动光标的水平位置,光标自动在波形上定位,并显示当前定位点的水平、垂直坐标和两光标间水平、垂直的增量。其中,水平坐标以时间值显示,垂直坐标以电压值显示,如图 2 – 13 所示。

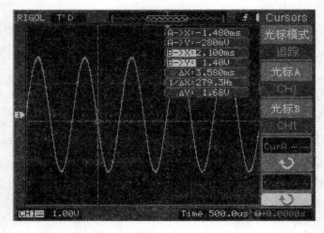

图 2 – 13　光标追踪模式测量

光标追踪测量方式的操作步骤如下:
①选择光标追踪测量模式,按键操作顺序为:Cursor→光标模式→追踪。
②选择光标 A、B 的信源,根据被测信号的输入通道不同,选择 CH1 或 CH2。
③旋动多功能旋钮"↻",使光标 A 或 B 在波形上水平移动。
④ 获得测量数值:光标 1、2 的水平间距(ΔX),即光标间的时间值。光标 1、2 的垂直间距(ΔY),即光标间的电压值。

3. 自动测量方式

在自动测量模式下,系统会显示对应的电压或时间光标,以揭示测量的物理意义。系统根据信号的变化,自动调整光标位置,并计算相应的参数值。图 2 – 14 为频率自动测量光标示意图。

光标自动测量模式显示当前自动测量参数所应用的光标。若没有在 Measure 菜单下选择任何的自动测量参数,将没有光标显示。

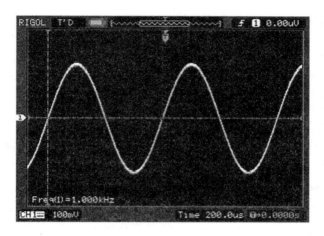

图 2-14　频率自动测量光标示意图

2.2　TFG3150L DDS 函数信号发生器

TFG3150L DDS 函数信号发生器采用直接数字合成(DDS)技术,具有快速完成测量工作所需的高性能指标和众多的功能特性。图 2-15 为 TFG3150L DDS 函数信号发生器前面板。前面板简单而功能明晰,左侧 TFT 真彩显示屏能显示仪器全部工作状态和设置相应的参数。右侧控制部分主要分为五个区,分别为功能选择区、数字输入区、调节区、菜单操作区、信号输出区。

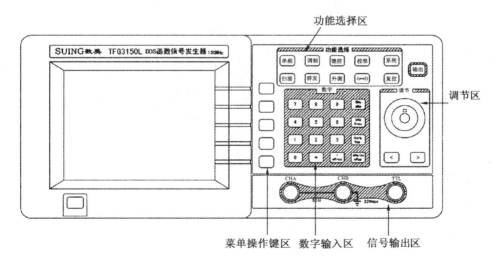

图 2-15　TFG3150L DDS 函数信号发生器前面板

2.2.1 控制面板区

1. 功能选择区

可选择如下功能:单频、调制、键控、校准、系统、扫描、猝发、外侧、A/B、复位。在单频、键控、扫描、猝发、外测五种状态下,反复按 A/B 键,仪器循环选择设置 A 路或 B 路状态。

2. 调节区

调节旋钮可以对当前输入进行调节。两个位移按键 $\boxed{<}$、$\boxed{>}$ 都是多功能键,当设置数值时两个按键执行光标左右移动功能。当选中某一功能时执行二级或三级菜单循环选择功能。当输入数字时,$\boxed{<}$ 键执行退格键功能。

3. 数字输入区

(1)数字键输入

十个数字键用来向显示区写入数据。写入方式为由右至左顺序写入,超过十位后继续输入的数字将丢失。符号键 $\boxed{-m/Vrms}$ 具有负号和单位两种功能,在"偏移"功能时,按此键可以写入负号。当数据区已经有数字时,按此键则表示数据输入结束,执行单位键功能。使用数字键只是把数字写入显示区,这时数据并没有生效,所以如果写入有错,可以按当前功能键后重新写入,也可以按 0 键逐位清除,对仪器工作没有影响。等到确认输入数据完全正确之后,按一次单位键($\boxed{MHz/dBm}$ $\boxed{kHz/Vrms}$、$\boxed{Hz/s/Vp-p}$、$\boxed{mHz/ms/mVp-p}$、$\boxed{-/mVrms}$),这时数据开始生效。

(2)旋钮输入

在实际应用中,有时需要对信号进行连续调节,这时可以使用数字旋钮输入方法。位移按键 $\boxed{<}$、$\boxed{>}$,可以使数据显示中的反亮数字位左移或右移。顺时针转动调节旋钮,可使光标位数字连续加1,并能向高位进位。逆时针转动旋钮,可使光标位数字连续减1,并能高位借位。使用旋钮输入数据时,数字改变后即刻生效,不用再按单位键。反亮数字位向左移动,可以对数据进行粗调,向右移动则可以进行细调。旋钮输入可以在多种项目选择时使用,当不需要使用旋钮时,可以用位移键 $\boxed{<}$、$\boxed{>}$ 取消光标数字位,旋钮的转动就不再有效。

4. 菜单操作区

对屏幕相应位置的菜单进行选择操作。

5. 信号输出区

输出调节完毕的信号。

2.2.2 屏幕显示区

显示屏分为四个区,如图2-16所示,分别是主菜单显示区、二级菜单显示区、三级菜单显示区和主显示区。

主菜单显示区显示仪器的六种主要功能有"单频""调制""键控""扫描""猝发""外测"。该六种功能都可以在功能选择区进行选择。开机默认为"单频"功能。二级菜单显示

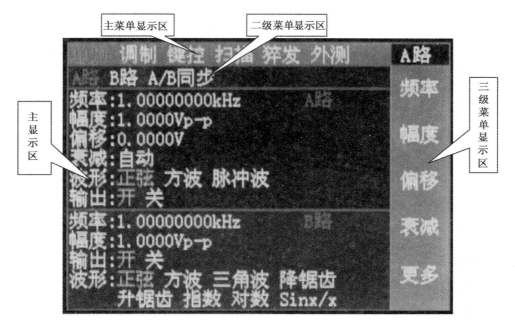

图 2 – 16　屏幕显示各功能区示意图

区显示六种功能下的子功能,不同功能有不同的二级菜单。三级菜单显示区显示每种功能的可调整功能,不同功能有不同的三级菜单。主显示区显示仪器当前的工作状态。

2.2.3　常用操作说明

下面重点介绍"单频"功能下信号发生器的使用方法,"单频"功能下的菜单如表 2 – 6 所示。

表 2 – 6　单频菜单说明

主菜单	单频		
二级菜单	A 路	B 路	A/B 同步
三级菜单	频率	频率	频率
	幅度	幅度	A 路幅度
	偏移	波形	B 路幅度
	衰减	—	相位差
	波形	—	谐波

下面举例说明常用操作方法。开机后,仪器进行自检初始化,进入正常工作状态,此时仪器根据"系统菜单"中"开机状态"的设置选择进入不同的菜单,若"开机状态"设为"默认"则选择"单频"功能,A 路、B 路处于输出状态。

1. A/B 路功能设定

首先按 A/B 键,将仪器设置为 A 路。

（1）A 路频率设定

周期和频率共用一个按键，重复按键可在周期和频率之间切换，设定频率值为 3.5 kHz。按如下操作：首先在菜单操作键上选中 频率 ，然后在数字区点击 ·→·→·→ kHz ，完成频率的设定。如果要进行频率的调节，利用位移按键 < 、> 使光标指向需要调节的数字位，左右转动旋钮可使数字增大或减小，并能连续进位或借位，由此可任意粗调或细调频率。

（2）A 路周期设定

设定周期值 25 ms，按如下操作： 周期 → 2 → 5 → ms 。

（3）A 路幅度设定

设定幅度值为 3.2 V，按如下操作： 幅度 → 3 → . → 2 → V 。

（4）A 路幅度格式选择

MHz/dBm 、 kHz/Vrms 、 Hz/s/Vp－p 为双功能键，在数字输入后执行单位键功能。在设置幅度状态时， MHz/dBm 当前幅度显示方式转换到功率电平方式， kHz/Vrms 当前幅度显示方式转换到有效值， Hz/s/Vp－p 当前幅度显示方式转换到峰峰值。

（5）A 路衰减设定

设定衰减 20 dB，按如下操作： 衰减 → 2 → 0 → dB 。

（6）A 路偏移设定

在衰减选择 0 dB 时，设定直流偏移值为 －1 V，按如下操作： 偏移 → － → 1 → dB 。

（7）A 路波形选择

按如下操作： 波形 → 正弦 / 方波 / 脉冲波 。

（8）A 路输出设定

选择开或关。

B 路功能设定与 A 路功能设定相似，不再赘述。

2. 设置调制功能

选中 调制 ，使用默认调制参数进行开始调制。按 < 、 > 键或转动旋钮使 调频 或 调幅 反亮显示进行相应频率或幅度调制。调制菜单如表 2-7 所示。

表 2-7 调制菜单说明

主菜单	调制	
二级菜单	调频	调幅
三级菜单	载波频率	载波频率
	载波幅度	载波幅度
	调制频偏	调制深度
	载波波形	载波波形
	调制频率	调制频率
	调制波形	调制波形
	调制源	调制源

3. 设置键控功能

选中 键控 ，使用默认键控参数进行键控输出。按 < 、 > 键使光标指向 2FSK 、
4FSK 、 2ASK 、 2OSK 、 2PSK 、 4PSK 进行相应的键控输出。键控菜单如表 2 - 8 所示。

表 2 - 8　键控菜单说明

主菜单	键控					
二级菜单	2FSK	4FSK	2ASK	2OSK	2PSK	4PSK
三级菜单	频率1	频率1	频率	频率	频率	频率
	频率2	频率2	幅度1	幅度1	幅度	幅度
	幅度	频率3	幅度2	幅度2	相位1	相位1
	波形	频率4	波形	波形	相位2	相位2
	时间	幅度	时间	时间	波形	相位3
	触发源	波形	触发源	触发源	时间	相位4
	—	时间	—	—	触发源	波形
	—	触发源	—	—	—	时间
	—	—	—	—	—	触发源

4. 设置扫描功能

选中 扫描 ，使用默认扫描参数进行频率扫描，按 < 、 > 键或转动旋钮使 扫频 或
扫幅 反亮显示进行相应频率或幅度扫描。扫描菜单如表 2 - 9 所示。

表 2 - 9　扫描菜单说明

主菜单	扫描	
二级菜单	扫频	扫幅
三级菜单	始点频率	频率
	终点频率	始点幅度
	步长频率	终点幅度
	幅度	步长幅度
	时间	时间
	波形	波形
	方式	方式
	触发源	触发源

5. 设置猝发功能

选中猝发，使用默认调制参数进行猝发输出。猝发菜单如表 2 - 10 所示。

表 2 - 10 猝发菜单说明

主菜单	猝发
二级菜单	无
三级菜单	频率
	幅度
	脉冲个数
	时间
	波形
	单次
	触发源

2.3 HY171 - 3S 直流稳压电源

HY171 - 3S 双路可跟踪直流稳定电源,每路输出都具有稳压(CV)、稳流(CC)功能,该电源使用方便,其稳压、稳流两种工作状态可随负载的变化自动转换,可在跟踪状态下,实现主从工作,从路输出电压随主路输出电压变化而变化。

2.3.1 控制面板介绍

控制面板如图 2 - 17 所示,上方为显示屏,左下角为电源开关,右下角为两路输出端子。下面介绍各个按钮的功能。

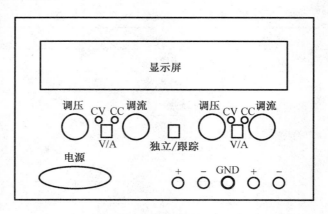

图 2 - 17 直流稳定电源控制面板

(1)电源开关:整机电源控制。

(2)调压旋钮:分Ⅰ、Ⅱ路各一只,调节输出电压值。

(3)调流旋钮:分Ⅰ、Ⅱ路各一只,调节稳流电流值。

(4)V/A 按钮:分Ⅰ、Ⅱ路,按下表示该路输出电流,不按表示该路输出电压。

· 22 ·

（5）稳压指示（CV）：分别指示Ⅰ、Ⅱ路，处于稳压状态时，此灯亮。

（6）稳流指示（CC）：分别指示Ⅰ、Ⅱ路，处于稳流状态时，此灯亮。

（7）独立/跟踪：按下表示Ⅰ、Ⅱ路为"跟踪"工作状态，不按表示Ⅰ、Ⅱ路为"独立"工作状态。

（8）输出端子：左边两只为Ⅰ路输出，右边两只为Ⅱ路输出，中间一只为接地。

2.3.2　使用方法介绍

（1）接通电源，按下电源开关。

（2）调节 V/A 按钮，使当前输出电压。

（3）连续调节调压旋钮，显示屏中电压示数会随之改变，直到为所需要的电压为止。

（4）当Ⅰ、Ⅱ路所需电压值相同时，按下独立/跟踪键，使电源工作在跟踪状态。

2.4　SM2030 数字交流毫伏表

SM2030 数字交流毫伏表适用于测量频率为 5 Hz ~ 5 MHz，电压为 40 μV ~ 300 V 的正弦波有效值电压。其特点为：具有量程自动/手动转换功能，四位半数字显示，小数点自动定位，能以有效值、峰峰值、电压电平、功率电平等多种测量单位显示测量结果；有两个独立的输入通道，有两个显示行，能同时显示两个通道的测量结果，也能以两种不同的单位显示同一个通道的测量结果；能同时显示量程转换方式、量程、单位等多种操作信息。

2.4.1　控制面板介绍

SM2030 数字交流毫伏表的控制面板如图 2 - 18 所示，下面介绍各个按钮的功能。

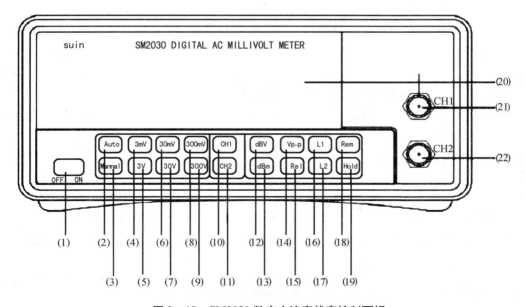

图 2 - 18　SM2030 数字交流毫伏表控制面板

（1）：$\boxed{\text{ON/OFF}}$ 键，电源开关。

（2）~（3）：$\boxed{\text{AUTO}}$ 键、$\boxed{\text{Manual}}$ 键，选择改变量程的方法，两键互锁。按下 $\boxed{\text{AUTO}}$ 键，切换到自动选择量程。在自动位置，当输入信号大于当前量程的 6.7%，自动加大量程；当输入信号小于当前量程的 9%，自动减小量程。按下 $\boxed{\text{Manual}}$ 键切换到手动选择量程。当输入信号大于当前量程的 6.7%，显示 VOLD 应加大量程；当输入信号小于当前量程的 10%，必须减小量程。手动量程的测量速度比自动量程快。

（4）~（9）：$\boxed{\text{3mV}}$ 键、$\boxed{\text{30mV}}$ 键、$\boxed{\text{300mV}}$ 键、$\boxed{\text{3V}}$ 键、$\boxed{\text{30V}}$ 键、$\boxed{\text{300V}}$ 键，手动量程时切换并显示量程。六键互锁。

（10）~（11）：$\boxed{\text{CH1}}$ 键、$\boxed{\text{CH2}}$ 键，选择输入通道，两键互锁。按下 $\boxed{\text{CH1}}$ 键选择 $\boxed{\text{CH1}}$ 通道，按下 $\boxed{\text{CH2}}$ 键选择 $\boxed{\text{CH2}}$ 通道。

（12）~（14）：$\boxed{\text{dBV}}$ 键、$\boxed{\text{dBm}}$ 键、$\boxed{\text{Vpp}}$ 键，把测得的电压值用电压电平、功率电平和峰峰值表示，三键互锁，按下任何一个量程键退出。$\boxed{\text{dBV}}$ 键：电压电平键，0 dB = 1 V。$\boxed{\text{dBm}}$ 键：功率电平键，0 dB = 1 mW，600 Ω。$\boxed{\text{Vpp}}$ 键：显示峰－峰值。

（15）：Rel 键，归零键。记录"当前值"然后显示值变为：测得值－"当前值"。显示有效值、峰－峰值时按归零键有效，再按一次退出。

（16）~（17）：$\boxed{\text{L1}}$ 键、$\boxed{\text{L2}}$ 键，显示屏分为上、下两行，用 $\boxed{\text{L1}}$、$\boxed{\text{L2}}$ 键选择其中的一行，可对被选中的行进行输入通道、量程、显示单位的设置，两键互锁。

（18）：$\boxed{\text{Rem}}$ 键，进入程控，退出程控。

（19）：$\boxed{\text{Hold}}$ 键，锁定读数。

（20）：显示屏，VFD 显示屏。

（21）~（22）：CH1，CH2 输入插座。

2.4.2　使用方法介绍

（1）按下面板上的电源开关按钮，电源接通，仪器进入初始状态。

（2）精确测量需预热 30 分钟。

（3）选择输入通道、量程和显示单位。

①按下 $\boxed{\text{L1}}$ 键，选择显示器的第一行，设置第一行有关参数：

a. 用 $\boxed{\text{CH1}}$／$\boxed{\text{CH2}}$ 键选择向该行送显的输入通道。

b. 用 $\boxed{\text{AUTO}}$／$\boxed{\text{Manual}}$ 键选择量程转换方法。

使用手动 $\boxed{\text{Manual}}$ 量程时，用 3 mV ~ 300 V 键手动选择量程，并指示出选择的结果。使用自动 $\boxed{\text{AUTO}}$ 量程时，自动选择量程。

c. 用 $\boxed{\text{dBV}}$ 键、$\boxed{\text{Vpp}}$ 键选择显示单位，默认的单位是有效值。

②按下 $\boxed{\text{L2}}$ 键，选择显示器的第二行，按照和①相同的方法设置第二行有关参数。

（4）输入被测信号 SM2030 有两个输入端，由 CH1 或 CH2 输入被测信号，也可由 CH1 或 CH2 同时输入两个被测信号。

（5）读取测量结果。

（6）关机后再开机，间隔时间应大于 10 s。

2.5　万　用　表

万用表是一种多用途、多量程的便携式仪器，它可以进行交、直流电压和电流以及电阻等多种电量的测量。有些比较高级的万用表，除了可测量电压和电流外，还可进行功率、电平（单位 dB）、电容、电感与晶体管的电流放大系数等项目的测量，每种测量项目又可以有多个测量量程，它的用途非常广泛，因此称为万用表。

万用表分为指针式模拟万用表和数字式万用表两种。

2.5.1　指针式万用表

模拟指针式万用表由微安表头、测量电路及相应的量程转换开关构成，测量方法如下。

1. 测量电阻

测量之前要将两个表笔的探针短接在一起，此时，万用表的指针应指在电阻标度尺的零刻度处。若不指零，可调节调零旋钮使其为零。要注意的是，每变换一次电阻量程，都应重新调零。在测量电阻时，两手不能同时接触电阻和探针，否则测量的电阻值会不准确。测量在线电阻时，应将电阻的一端焊开进行测量。为了提高测量准确度，在测量电阻时，选择量程应尽量使表针指在标度尺中间的位置。

2. 测量电压

测量交直流电压时，首先选择好量程，然后将万用表通过表笔并联到电路中；但测直流电压时，红色表笔（接万用表的"＋"插孔）要接触高电位点，黑色表笔（接万用表的"－"插孔）接触低电位点，而测交流电压则无此要求。测量交直流电压时要注意量程的选择，一般是将量程选到最大，然后，根据测量情况进行调整，指针偏转达满标度的 3/4 为宜。

3. 测量电流

测量电流时应将表笔串入被测电路中，电流应从红表笔进去，黑表笔流出来。测量时也是先选用最大量程，再根据情况选择适当的量程进行测量。

使用注意事项如下：

①禁止用电流挡或电阻挡去测量电压，否则会烧毁表头。

②在测量电压的过程中，不得转换量程的挡位，严禁测高压时拨动量程开关，应养成单手操作的习惯。

③若万用表长期不用，应将表内电池取出；测量完毕后，应将量程开关拨至最高电压量程挡。

2.5.2　数字式万用表

数字式万用表是采用数字化测量技术，将被测电量转换成电压信号，并以数字方式显示被测电量的一种仪表。这种仪表的优点是:准确度高、功能齐全、小巧轻便等。这里以 VC9808 数字式万用表为例说明使用方法与注意事项,图 2 – 19 为 VC9808 数字式万用表面板结构图。

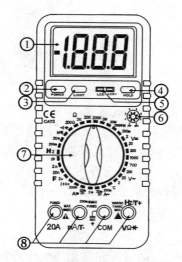

图 2 – 19 数字式万用表面板结构

1. 操作面板说明

①:液晶显示器,显示仪表测量的数值及单位。

②:POWER 电源开关,开启及关闭电源。

③:LIGHT 背光开关,开启及关闭背光灯。

④:HOLD 保持开关,按下此功能键,仪表当前所测数值保持在液晶显示器上,再次按下,退出保持功能状态。

⑤:电容(Cx)或电感(Lx)插座。

⑥:hFE 测试插座,用于测量晶体三极管的 hFE 数值大小。

⑦:旋钮开关,用于改变测量功能及量程。

⑧:电压、电阻、温度及频率插座、小于 2 A 电流及温度测试插座、20 A 电流测试插座、公共地。

2. 使用方法说明

(1)直流电压测量

①将黑表笔插入"COM"插孔,红表笔插入 V/Ω/Hz 插孔。

②将量程开关转至相应的 DCV 量程上,然后将测试表笔跨接在被测电路上,红表笔所接的该点电压与极性显示在屏幕上。

(2)交流电压测量

①将黑表笔插入"COM"插孔,红表笔插入 V/Ω/Hz 插孔。

②将量程开关转至相应的 ACV 量程上,然后将测试表笔跨接在被测电路上。

(3)直流电流测量

①将黑表笔插入"COM"插孔,红表笔插入"mA"插孔中(最大为 2 A),或红笔插入"20 A"中

（最大为 20 A）。

②将量程开关转至相应的 DCA 挡位上,然后将仪表串入被测电路中,被测电流值及红色表笔点的电流、极性将同时显示在屏幕上。

（4）交流电流测量

①将黑表笔插入"COM"插孔,红表笔插入"mA"插孔中（最大为 2 A）,或红笔插入"20 A"中（最大为 20 A）。

②将量程开关转至相应的 ACA 挡位上,然后将仪表串入被测电路中。

（5）电阻测量

①将黑表笔插入"COM"插孔,红表笔插入 V/Ω/Hz 插孔。

②将所测开关转至相应的电阻量程上,将两表笔跨接在被测电阻上。

（6）三极管 hFE

①将量程开关置于 hFE 挡。

②决定所测晶体管为 NPN 型或 PNP 型,将发射极、基极、集电极分别插入相应插孔。

（7）二极管及通断测试

①将黑表笔插入"COM"插孔,红表笔插入 V/Ω/Hz 插孔（注意红表笔极性为" + "）。

②将量程开关置✦·㈱ 挡,并将表笔连接到待测试二极管,红表笔接二极管正极,读数为二极管正向降压的近似值。

③将表笔连接到待测线路的两点,如果内置蜂鸣器发声,则两点之间的电阻值低于（70 ± 20）Ω。

第3章

Multisim 10.0 基本功能及操作

3.1 Multisim 10.0 基本界面

运行 Multisim 10.0 后,其基本界面如图 3 - 1 所示。Multisim 10.0 的基本界面主要包括菜单栏、标注工具栏、视图工具栏、主工具栏、仿真开关、元件工具栏、仪器工具栏、设计工具栏、电子工作区、电子表格视窗和状态栏等,下面对各部分加以介绍。

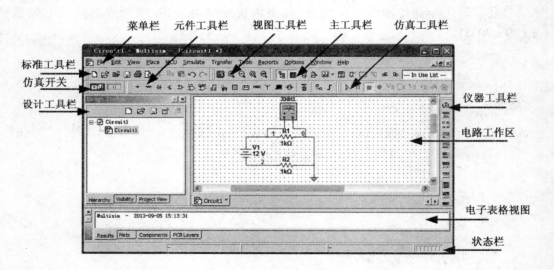

图 3 - 1　Multisim 10.0 的基本界面

1. 菜单栏

菜单栏中分类集中了该软件的所有功能命令,如图 3 - 2 所示。Multisim 10.0 的菜单栏包含 12 个菜单,分别为文件(File)菜单、编辑(Edit)菜单、视图(View)菜单、放置(Place)菜单、MCU 菜单、仿真(Simulate)菜单、文件输出(Transfer)菜单、工具(Tools)菜单、报告(Reports)菜单、选项(Options)菜单、窗口(Windows)菜单和帮助(Help)菜单。以上每个菜单下都有一系列菜单项,用户可以根据需要在相应的菜单下寻找。

图 3-2　菜单栏

2. 标准工具栏

标准工具栏如图 3-3 所示,主要提供一些常用的文件操作功能,按钮从左到右的功能分别为:新建文件、打开文件、打开设计实例、文件保存、打印电路、打印预览、剪切、复制、粘贴、撤销和恢复。

图 3-3　标准工具栏

3. 视图工具栏

视图工具栏如图 3-4 所示,按钮从左到右的功能分别为:全屏显示、放大、缩小、对指定区域进行放大和在工作空间一次显示整个电路。

图 3-4　视图工具栏

4. 主工具栏

主工具栏如图 3-5 所示,它集中了 Multisim 10.0 的核心操作,从而使电路设计更加方便。该工具栏中的按钮从左到右的功能分别为:显示或隐藏设计工具栏,显示或隐藏电子表格视窗,打开数据库管理窗口,图形和仿真列表,对仿真结果进行后处理,ERC 电路规则检测,屏幕区域截图,切换到总电路,将 Ultiboard 电路的改变反标到 Multisim 电路文件中,将 Multisim 原理图文件的变化标注到存在的 Ultiboard 10.0 文件中,使用中的元件列表,帮助。

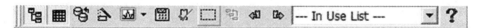

图 3-5　主工具栏

5. 仿真开关

仿真开关如图 3-6 所示,用于控制仿真过程的开关有两个,即仿真启动/停止开关和仿真暂停开关。

图 3-6　仿真开关

6.元件工具栏

Multisim 10.0 的元件工具栏包括 17 种元件分类库,如图 3 – 7 所示,每个元件库放置同一类型的元件,元件工具栏还包括放置层次电路和总线的命令。元件工具栏从左到右的模块分别为:电源库、基本元件库、二极管库、晶体管库、模拟器件库、TTL 器件库、CMOS 元件库、杂合类数字元件库、混合元件库、功率元件库、杂合类元件库、高级外围元件库、RF 射频元件库、机电类元件库、微处理模块元件库、层次化模块和总线模块。其中,层次化模块是将已有的电路作为一个子模块加到当前电路中。

图 3 – 7　元件工具栏

7.仪器工具栏

仪器工具栏包括各种对电路工作状态进行测试的仪器仪表及探针,如图 3 – 8 所示,仪器工具栏从左到右分别为:数字万用表、函数信号发生器、瓦特表、双通道示波器、四通道示波器、波特图仪、频率计、数字信号发生器、逻辑分析仪、逻辑转换仪、伏安特性分析仪、失真分析仪、频谱分析仪、网络分析仪、安捷伦函数发生器、安捷伦数字万用表、安捷伦示波器、泰克示波器、测量探针、LabVIEW 虚拟仪器和电流探针。

图 3 – 8　仪器工具栏

8.设计工具箱

设计工具箱用来管理原理图的不同组成元素。设计工具箱由三个不同的选项卡组成,分别为层次化(Hierarchy)选项卡、可视化(Visibility)选项卡和工程视图(Project View)选项卡。

9.电路工作区

在电路工作区中可进行电路的编制绘制、仿真分析及波形数据显示等操作,如果有需要,还可以在电路工作区内添加说明文字及标题框等。

10.电子表格视窗

在电子表格视窗可方便查看和修改设计参数,例如,元件的详细参数、设计约束和总体属性等。电子表格视图包括四个选项卡,分别为结果选项卡(Results)、网络选项卡(Nets)、元件选项卡(Components)、PCB 层选项卡(PCB Layers)。

11.状态栏

状态栏用于显示有关当前操作及鼠标所指条目的相关信息。

3.2　Multisim 10.0 电路创建及分析

3.2.1　电路创建

1. 建立电路文件

运行 Multisim 10.0 软件,系统自动打开一个空白电路文件,也可以通过执行"File→New→Schematic Capture"命令或者单击标准工具栏中的新建文件按钮,建立一个空白的电路文件。

2. 选择、放置元器件

在元件工具栏中选择所需的元器件按钮,也可以在电路工作区的空白处单击鼠标右键,选择"Place Component"选项,可打开如图 3 – 9 所示的元件选择窗口。

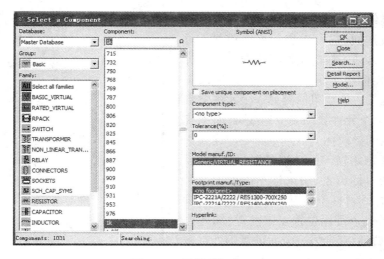

图 3 – 9　元件选择窗口

（1）数据库（Database）选项中包含三个选项,即主数据库（Master Database）、公司数据库（Corporate Database）、用户数据库（User Database）。主元件库中存储了大量常用的元器件,仿真时所需的器件基本都能找到,其他两个数据库是为用户的特殊需要而设计的。

（2）组（Group）选项为元件分类库。如图 3 – 10 所示,它包括源器件（Sources）、基本元件（Basic）、二极管（Diodes）、晶体管（Transistors）、模拟器件（Analog）等 17 个元件分类库。

（3）家族（Family）选项中列出了具体的元件。

在选择器件时,首先应确定某一数据库,然后确定元件族,接着确定具体元件。例如要选择一个直流电源,首先选择"Master Database",然后在"Group"选项中选择"Sources",最后在"Family"选项中选择"DC_POWER"。然后点击"OK"键,在电路工作区会有一个直流电源的虚影随着鼠标移动,将鼠标移动到相应位置后单击鼠标左键,一个直流电源将放置在工作区中。如果要删除该元件,可选中该元件,按键盘的 < Delete > 键将其删除。

3. 调整元件位置、修改元件参数及标号

用鼠标选中要调整位置的元件,将它拖动到理想位置,然后用鼠标右键点击元件,在弹出的对话框中可选择"90° Clockwise"或"90° CounterCW"进行顺时针、逆时针旋转方向调整。

用鼠标左键双击要修改参数的元件,在弹出的参数设置对话框中修改参数。图 3 – 11 为直流稳压电源的参数对话框,在"Value"中可以看到默认电压值是 12 V,可将电压值修改为所需的电压值。在"Label"选项中,可以更改元件的标号。

4. 电路连接

Multisim 10.0 有自动连线与手工两种连线方法。自动连线时,由软件选择管脚间最好的路径自动完成连线,它可以避免连线通过元件和连线重叠。自动连线时用鼠标指向一个元件的管脚,这时光标呈十字状,单击左键,导线随鼠标移动而延长。拖动鼠标到另一个元件管脚处点击左键,两个元件自动完成连线,此时系统会自动给绘制的导线标上节点号。手动连线要求用户控制线路路径。手动连接时,用户可设置多个经过的目标位置,用鼠标左键单击一个管脚,拖动鼠标到目标位置点击左键,然后继续拖动鼠标到下一个目标位置点击左键,如此经过所有目标位置后直到另一个元件管脚处点击左键,完成两个元件的连线。如果对所画导线不满意,可选中该导线,按键盘的 < Delete > 键将其删除。

图 3 – 10   "组"选项下拉菜单

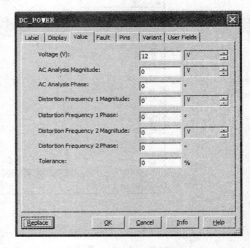

图 3 – 11   参数设置对话框

3.2.2   电路仿真

以简单电阻串联电路为例,如图 3 – 12 所示,利用万用表 XMM1 测量电阻 R_1 的电压值。点击仿真开关 ![仿真开关],仿真开始,测量的电压结果如图 3 – 13 所示。

3.2.3   电路分析

Multisim 10.0 为仿真电路提供了两种分析方法:第一种方法是利用 Multisim 10.0 提供的虚拟仪表观测仿真电路的某项参数,如 3.2.2 节例子所用的方法即为第一种方法;第二种方法是利用 Multisim 10.0 提供的 18 种分析功能。本书主要介绍直流静态工作点分析、交流分析、瞬态分析和失真分析。

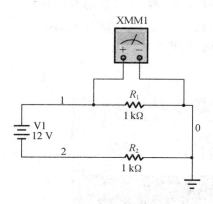

图 3 – 12　电阻串联电路

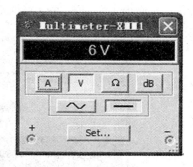

图 3 – 13　电压表示数

1. 直流静态工作点分析

直流静态工作点分析就是,当电路中仅仅有直流电压源和直流电流源作用时,计算电路中每个节点上的电压和每条支路上的电流。在进行直流静态工作点分析时,假设交流信号为零,且电路处于稳态,也就是假设电容开路、电感短路。下面以图 3 – 14 所示的单管共射放大电路直流通路为例,进行分析说明。

单击工具栏中的"Simulate → Analyses → DC Operating Point Analysis"弹出如图 3 – 15 所示对话框。

在图 3 – 15 所示对话框中可以设置直流工作点分析的输出内容。左侧电路变量选项用于选择输出变量,共有六种选择:静态探针、电压和电流、电压、电流、设备/模型参数、所有变量。选择左侧文本框中的

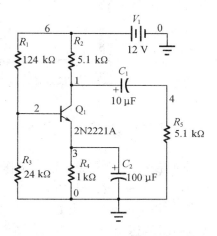

图 3 – 14　单管共射放大
电路直流通路

图 3 – 15　直流分析的设置标签

变量作为输出节点的分析对象,点击添加(Add)按钮,就可以把变量添加到右侧文本框中完成设置。然后点击下方的仿真(Simulate)按钮开始仿真,仿真结果如图 3－16 所示。该结果以表格形式给出了单管放大电路所有节点的电压,即静态工作点,结果与理论计算的数值一致。

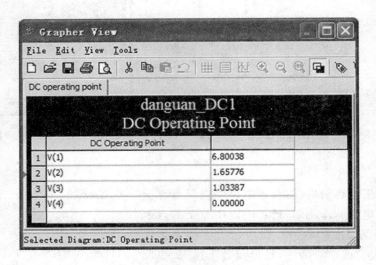

图 3－16 仿真结果

2. 交流分析

交流分析是在正弦小信号工作条件下的一种频域分析。它计算电路的幅频特性和相频特性,是一种线性分析方法。Multisim 10.0 在进行交流频率分析时,首先分析电路的直流工作点,并在直流工作点处对各个非线性元件做线性化处理,得到线性化的交流小信号等效电路,并用交流小信号等效电路计算电路输出交流信号的变化。在进行交流分析时,电路工作区中自行设置的输入信号将被忽略。也就是说,无论给电路的信号源设置的是三角波还是矩形波,进行交流分析时,都将自动设置为正弦波信号,再分析电路随正弦信号频率变化的频率响应曲线。这里仍采用单管共射放大电路作为实验电路,其电路如图 3－17 所示。信号源为 1 kHz、2 mV 无直流成分的正弦波。单击工具栏中的"Simulate→Analyses→AC Analysis"弹出如图 3－18 所示对话框。在该对话框中可选择交流分析的初始频率(Start frequency)、终止频率(Stop frequency)、扫描类型(Sweep type)、每 10 倍频率的采样点数(Number of points per decade)及纵坐标(Vertical scale)等。以图 3－18 为例设置频率为 1 Hz ~ 100 MHz。设置好频率参数后,点击输出(Output)选项,将节点 1 设置为输出节点。然后点击仿真(Simulate)键进行仿真,仿真结果如图 3－19 所示。

仿真结果给出电路的幅频特性曲线和相频特性曲线,幅频特性曲线显示了 1 号节点(电路输出端)的电压随频率变化的曲线;相频特性曲线显示了 1 号节点的相位随频率变化的曲线。由交流频率分析曲线可知,该电路大约在 100 Hz ~ 10 MHz 范围内放大信号,放大倍数基本稳定,超出此范围,输出电压将会衰减。

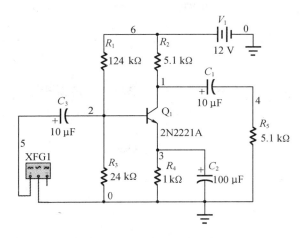

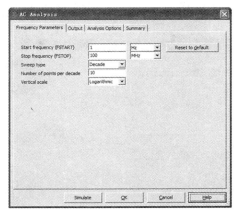

图 3-17　单管共射放大电路　　　　　图 3-18　交流分析设置

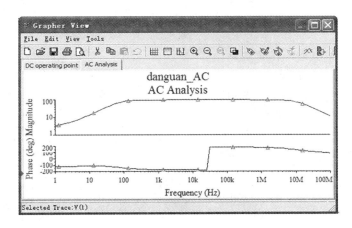

图 3-19　交流分析仿真结果

3. 瞬态分析

瞬态分析是一种非线性时域分析方法,是在给定输入激励信号时,分析电路输出端的瞬态响应。Multisim 10.0 在进行瞬态分析时,首先计算电路的初始状态,然后从初始时刻起,到某个给定的时间范围内,选择合理的时间步长,计算输出端在每个时间点的输出电压,输出电压由一个完整周期中的各个时间点的电压来决定。启动瞬态分析时,只要定义起始时间和终止时间,Multisim 10.0 就可以自动调节合理的时间步进值,以兼顾分析精度和计算时需要的时间,也可以自行定义时间步长,以满足一些特殊要求。

单击工具栏中的"Simulate→Analyses→Transient Analysis",弹出如图 3-20 所示对话框。在该对话框中可以设置初始条件(Initial Conditions),默认为自动确定初始条件(Automatically Determine Initial Conditions)。可以设置仿真的开始时间(Start Time)、终止时间(End Time)、最大时间步长设置(Maximum Time Step Settings)等。点击输出(Output)选项,将节点 4 设置为输出节点。然后点击仿真(Simulate)键进行仿真,以图 3-17 为例设置时间范围为 0 ~ 0.003 s 的分析波形,如图 3 - 21 所示。分析曲线给出输出节点 4 的电压随时间变化的波形,纵轴是电压轴,横轴是时间轴。

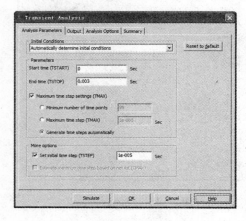

图 3 - 20　瞬态分析设置

图 3 - 21　瞬态分析波形

4. 失真分析

放大电路输出信号的失真通常是由电路增益的非线性与相位不一致造成的。增益的非线性将会产生谐波失真,相位的不一致将会产生互调失真。

Multisim 10.0 失真分析通常用于分析那些采用瞬态分析不易察觉的微小失真。如果电路有一个交流信号,Multisim 10.0 的失真分析将计算每点的二次和三次谐波的复变值;如果电路有两个交流信号,则分析三个特定频率的复变值,这三个频率分别是:$(f_1 + f_2)$,$(f_1 - f_2)$,$(2f_1 - f_2)$。

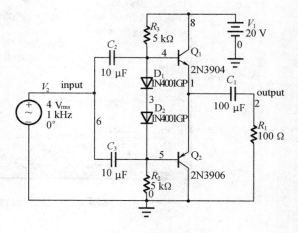

图 3 - 22　功率放大电路

设计一个功率放大电路,电路参数及电路结构如图 3 - 22 所示。对该电路进行直流工作点分析后,表明该电路直流工作点设计合理。在电路的输入端加入一个交流电压源作为输入信号,其幅度为 4 V,频率为 1 kHz。

单击工具栏中的"Simulate→Analyses→Distortion Analysis"弹出如图 3 - 23 所示对话框。在该对话框中可以设置开始频率(Start Frequency)、终止频率(Stop Frequency)、扫描类型(Sweep Type)、每 10 倍频率的采样点数(Number of Point per Decade)及纵坐标(Vertical Scale)等。以图 3 - 23 为例设置频率为 1 Hz ~ 100 MHz。设置好频率参数后,点击输出(Output)选项,将图 3 - 22 节点 2 设置为输出节点。然后点击仿真(Simulate)键进行仿真,仿真结果如图 3 - 24 所示。由于该电路只有一个输入信号,因此失真分析结果给出的是谐波失真幅频特性和相频特性图。

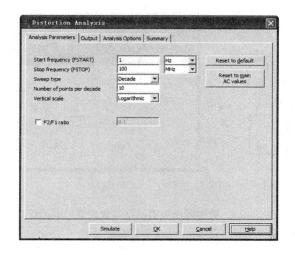

图 3 - 23　失真分析设置

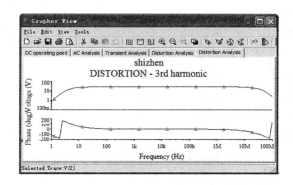

图 3 - 24　失真分析结果

3.3　Multisim 10.0 常用虚拟仪器

Multisim 10.0 提供了 20 种在电子线路分析中常用的虚拟仪器。这些虚拟仪器仪表的参数设置、使用方法和外观设计与实验室中的真实仪器基本一致。下面介绍 Multisim 10.0 中一些常用虚拟仪器的使用方法。

3.3.1　数字万用表

数字万用表(Multimeter)可以用来测量交流电压(电流)、直流电压(电流)、电阻以及电路中两节点的分贝损耗,其量程可以自动调整。单击"Simulate→Instruments→Multimeter"后,有一个万用表虚影跟随鼠标移动,在电路窗口的相应位置,单击鼠标,完成虚拟仪器的放置。双击该图标得到数字万用表参数设置控制面板,如图 3 - 25 所示,该面板的各个按钮的功能如下所述。

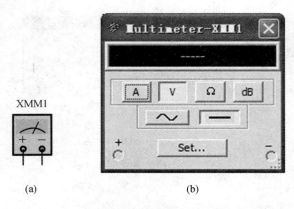

XMM1

(a)   (b)

图 3 – 25   数字万用表图标及参数设置控制面板
(a)图标;(b)参数设置控制面板

上面的黑色条形框用于测量数值的显示,下面为测量类型的选取栏。

(1)A:测量对象为电流。

(2)V:测量对象为电压。

(3)Ω:测量对象为电阻。

(4)dB:将万用表切换到分贝显示。

(5)∿:表示万用表的测量对象为交流参数。

(6)—:表示万用表的测量对象为直流参数。

(7)+:对应万用表的正极。

(8)–:对应万用表的负极。

(9)Set(设置):单击该按钮,可以设置数字万用表的各个参数。

3.3.2   函数信号发生器

函数信号发生器(Function Generator)是用来提供正弦波 、三角波和方波信号的电压源。单击"Simulate→Instruments→Function Generator",得到如图 3 – 26(a)所示的函数信号发生器图标。双击该图标,得到如图 3 – 26(b)所示的函数信号发生器参数设置控制面板。该控制面板的各个部分的功能如下所示。

上方的三个按钮用于选择输出波形,分别为正弦波、三角波和方波。

(1)Frequency(频率):设置输出信号的频率。

(2)Duty Cycle(占空比):设置输出的方波和三角波电压信号的占空比。

(3)Amplitude(振幅):设置输出信号幅度的峰值。

(4)Offset(偏移):设置输出信号的偏置电压,即设置输出信号中直流成分的大小。

(5)Set Rise/Fall Time(设置上升/下降时间):设置方波上升沿与下降沿的时间。

(6)+:表示波形电压信号的正极性输出端。

(7)–:表示波形电压信号的负极性输出端。

(8)Common(公共):表示公共接地端。

（a）　　　　　　　　　　　　　（b）

图 3 - 26　函数信号发生器图标及参数设置控制面板

（a）图标；（b）参数设置控制面板

　　下面以图 3 - 27 所示的仿真电路为例来说明函数信号发生器的应用。在本例中，函数信号发生器用来产生幅值为 10 V 频率为 1 kHz 的交流信号，并用万用表测量函数信号发生器产生的交流信号。测量结果如图 3 - 28 所示。

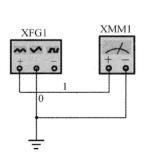

图 3 - 27　仿真电路　　　　　　　**图 3 - 28　万用表测量结果**

　　注意：在图 3 - 27 电路中，万用表所测量的交流信号的频率值不能过低，否则万用表无法进行测量。

3.3.3　双通道示波器

　　双通道示波器（Oscilloscope）主要用来显示被测量信号的波形，还可以用来测量被测信号的频率和周期等参数。单击"Simulate→Instruments→Oscilloscope"，得到图 3 - 29（a）所示的示波器图标。双击该图标，得到图 3 - 29（b）所示的双通道示波器参数设置控制面板。该控制面板的主要功能如下所述。

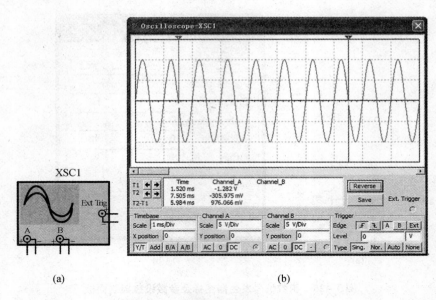

图 3 − 29　示波器图标及参数控制面板

(a)图标;(b)参数控制面板

双通道示波器的面板控制设置与真实示波器的设置基本一致,共分成三个模块的控制设置。

1. Timebase(时间轴模块)

该模块主要用来进行时基信号的控制调整。其各部分功能如下所述。

(1)Scale(比例):X 轴刻度选择。控制在示波器显示信号时,横轴每一格所代表的时间,单位为 ms/Div,范围为 1 ps ~ 1 000 Ts。

(2)X position(X 位置):用来调整时间基准的起始点位置,即控制信号在 X 轴的偏移位置。

(3)Y/T 按钮:选择 X 轴显示时间刻度且 Y 轴显示电压信号幅度的示波器显示方法。

(4)Add(加载):选择 X 轴显示时间以及 Y 轴显示的电压信号幅度为 A 通道和 B 通道的输入电压之和。

(5)B/A:选择将 A 通道信号作为 X 轴扫描信号,B 通道信号幅度除以 A 通道信号幅度后所得信号作为 Y 轴的信号输出。

(6)A/B:选择将 B 通道信号作为 X 轴扫描信号,A 通道信号幅度除以 B 通道信号幅度后所得信号作为 Y 轴的信号输出。

2. Channel A/ Channel B(通道模块)

该模块用于双通道示波器输入通道的设置。

(1)Channel A(通道 A):A 通道设置。

(2)Scale(比例):Y 轴的刻度选择。控制在示波器显示信号时,Y 轴每一格所代表的电压刻度。单位为 V/Div,范围为 1 pV ~ 1 000 TV。

(3)Y position(Y 位置):用来调整示波器 Y 轴方向的原点。

(4)AC 方式:滤除显示信号的直流部分,仅仅显示信号的交流部分。

（5）0：没有信号显示,输出端接地。

（6）DC 方式:将显示信号的直流部分与交流部分作和后进行显示。

（7）Channel B(通道 B):B 通道设置,用法同 A 通道设置。

3. Trigger(触发)

该模块用于设置示波器的触发方式。

（1）Edge(边沿):触发边缘的选择设置,有上边沿和下边沿等选择方式。

（2）Level(电平):设置触发电平的大小,该选项表示只有当被显示的信号幅度超过右侧的文本框中的数值时,示波器才能进行采样显示。

（3）Type(类型):设置触发方式,Multisim 10.0 中提供了以下几种触发方式。

①Auto(自动):自动触发方式,只要有输入信号就显示波形。

②Single(单独):单脉冲触发方式,满足触发电平的要求后,示波器仅仅采样一次,每按 Single 一次产生一个触发脉冲。

③Normal(标准):只要满足触发电平要求,示波器就采样显示输出一次。

4. 数值显示区的设置。

如图 3 – 29 所示,T1 对应着 T1 的游标指针,T2 对应着 T2 的游标指针。单击 T1 右侧的左右指向的两个箭头,可以将 T1 的游标指针在示波器的显示屏中移动。T2 的使用方法与 T1 一样。当波形在示波器的屏幕稳定后,通过左右移动 T1 和 T2 的游标指针,在示波器显示屏下方的条形显示区中,对应显示 T1 和 T2 游标指针使对应的时间和相应时间所对应的 A/B 波形的幅值。通过这个操作,可以简要地测量 A/B 两个通道各自波形的周期和某一通道信号的上升与下降时间。在图 3 – 30 中,A、B 表示两个信号输入通道,Ext Trig 表示触发信号输入端,“ – ”表示示波器的接地端。在 Multisim 10.0 中“ – ”端不接地也可以使用示波器。

示波器应用举例:在 Multisim 10.0 的仿真电路窗口中建立如图 3 – 30 所示的仿真电路。将函数信号发生器设置为正弦波发生器,幅值为 10 V,频率为 1 kHz。

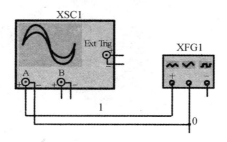

图 3 – 30　仿真电路

单击 Simulate→Run,开始仿真,结果如图 3 – 29(b)所示。可自行分析波形参数。

第4章

Quartus II 基本功能及操作

4.1 Quartus II 基本界面

Quartus II 是 Altera 公司的综合性 PLD/FPGA 开发软件，支持原理图、VHDL、Verilog HDL以及 AHDL(Altera Hardware Description Language)等多种设计输入形式。由于 Quartus II 软件 10.0 以上版本不再支持波形仿真，需要借助第三方软件，例如 Modelsim。因此，本书以 Quartus II 软件 9.0 版本介绍其使用方法。打开 Quartus II 后，其基本界面如图 4-1 所示，它由标题栏、菜单栏、工具栏、工程导向窗口、工程工作区、任务窗口、信息窗口等部分组成。

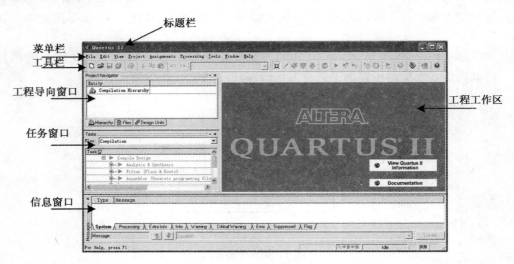

图 4-1　Quartus II 软件界面

下面分别介绍各个部分的作用和使用方法。

1. 标题栏

标题栏显示当前工程的路径和程序的名称。

2. 菜单栏

菜单栏主要由文件(File)、视图(View)、工程(Project)、操作(Processing)、资源分配

（Assignments）、调试（Debug）、工具（Tools）、窗口（Window）和帮助（Help）等下拉菜单组成。其中,工程（Project）、资源分配（Assignments）、操作（Processing）、工具（Tools）下拉菜单集中了 Quartus II 软件较为核心的全部操作命令,下面分别介绍。

（1）Project 菜单

该菜单项主要完成对工程的一些操作。

①Add/Remove Files in Project：添加或新建某种资源文件。

②Revisions：创建或删除工程,在其弹出的窗口中单击"Create..."按钮创建一个新的工程;或者在创建好的几个工程中选中一个,单击"Set Current"按钮,就把选中的工程设置为当前工程。

③Archive Project：为工程归档或备份。

④Generate Tcl File for Project：产生工程的 Tcl 脚本文件,选择好要生成的文件名以及路径后,单击 OK 按钮即可。如果选中了"Open generated file"则会在工程工作区打开该 Tcl 文件。

⑤Generate Powerplay Early Power Estimator：产生功率估计文件。

⑥HardCopy Utilities：跟 HardCopy 器件相关的功能。

⑦Locate：将 Assignment Editor 中的节点或原代码中的信号在 Timing Closure Floorplan 编译后布局布线图,在 Chip Editor 或原文件中定位其位置。

⑧Hierarchy：打开工程工作区显示的源文件的上一层或下一层的源文件以及顶层文件。

（2）Assignments 菜单

该菜单项的主要功能是对工程的参数进行配置,如管脚分配、时序约束、参数设置等。

①Device：指目标器件型号。

②Assign Pins：打开分配管脚对话框,给设计的信号分配 IO 管脚。

③Timing Settings：打开时序约束对话框。

④EDA Tool Settings：设置 EDA 工具,如 Synplify 等。

⑤Settings：打开参数设置页面,可以切换到使用 Quartus II 软件开发流程的每个步骤所需的参数设置页面。

⑥Wizard：启动时序约束设置、编译参数设置、仿真参数设置、Software Build 参数设置。

⑦Assignment Editor：分配编辑器,用于分配管脚、设定管脚电平标准、设定时序约束等。

⑧Remove Assignments：用户可以使用它删除设定的类型的分配,如管脚分配、时序分配、SignalProbe 信号分配等。

⑨Demote Assignments：允许用户降级使用当前较不严格的约束,使编辑器更高效地编译分配和约束等。

⑩Back-Annotate Assignments：允许用户在工程中反标管脚、逻辑单元、LogicLock 区域、节点、布线分配等。

⑪Import Assignments：给当前工程导入分配文件。

⑫Timing Closure Floorplan：启动时序收敛平面布局规划器。

⑬LogicLock Region：允许用户查看、创建和编辑 LogicLock 区域约束以及导入导出 LogicLock 区域约束文件。

（3）processing 菜单

该菜单项包含了对当前工程执行各种设计流程，如开始综合、开始布局布线、开始时序分析等。

（4）Tools 菜单

该菜单项调用 Quartus II 软件中集成的一些工具，如 MegaWizard Plug-in Manager（用于生成 IP 和宏功能模块）、ChipEditor、RTL Viewer、Programmer 等工具。

3. 工具栏

工具栏中包含了常用命令的快捷图标。将鼠标移到相应图标时，在鼠标下方出现此图标对应的含义，而且每种图标在菜单栏均能找到相应的命令菜单。用户可以根据需要将自己常用的功能定制为工具栏上的图标，方便在 Quartus II 软件中灵活快速地进行各种操作。

4. 工程导向窗口

用于显示当前工程中所有相关的资源文件。窗口左下角有三个标签，分别是结构层次（Hierarchy）、文件（Files）和设计单元（Design Units）。结构层次窗口在工程编译之前只显示了顶层模块名，工程编译了一次后，此窗口按层次列出了工程中所有的模块，并列出了每个原文件所有资源的具体情况。顶层可以是用户产生的文本文件，也可以是图形编辑文件。文件窗口列出了工程编译后的所有文件，文件类型有设计器件文件（Design Device Files）、软件文件（Software Files）和其他文件（Other Files）。设计单元窗口列出了工程编译后的所有单元，如 AHDL 单元、Verilog 单元、VHDL 单元等，一个设计器件文件对应生成一个设计单元，参数定义文件没有对应设计单元。

5. 工程工作区

器件设置、定时约束设置、底层编辑器和编译报告等均显示在工程工作区中，当 Quartus II 实现不同功能时此区域将打开相应的操作窗口，显示不同的内容，进行不同的操作。

6. 任务窗口

在该界面可以直接访问网表和报告生成等常见任务。界面中的每一命令都有对应的 Tcl 命令，可以在 Console 中指定并查看这些命令。

7. 信息窗口

信息显示窗显示 Quartus II 软件综合、布局布线过程中的信息，如开始综合时调用源文件、库文件、综合布局布线过程中的定时、告警、错误等，如果是告警和错误，则会给出具体引起告警和错误的原因，方便设计者查找及修改错误。

4.2　Quartus II 基本操作

Quartus II 的设计流程主要包括创建工程、设计输入、设计编译、设计仿真、引脚分配、编程下载等，其基本设计流程如图 4-2 所示。

4.2.1　创建工程

（1）首先在计算机中建立一个文件夹作为工程项目目录，此工程目录不能是根目录。

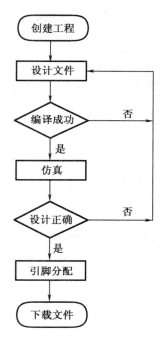

图 4 - 2　Quartus II 设计流程

本例中新建目录位置为 c：\altera\90\quartus\project 。

（2）点击菜单栏上的 File→New Project Wizard（如图 4 - 3 所示），出现图 4 - 4 所示的工程向导介绍。

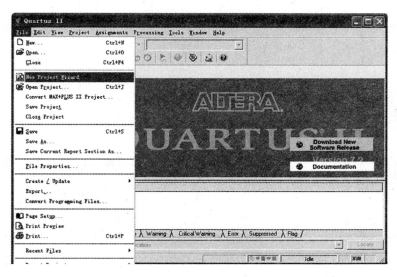

图 4 - 3　新建工程向导

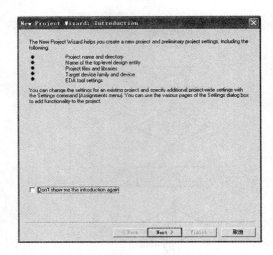

图 4 - 4　工程向导介绍

（3）点击 Next，出现图 4 - 5 所示的工程向导。首先选择工程路径，选择刚才建立好的路径 c：\altera\90\quartus\project；然后填写工程名，本例为 test1，而顶层文件名自动出现，系统默认与工程名一致。

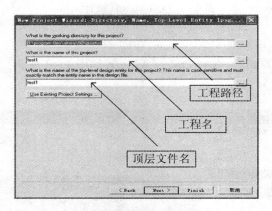

图 4 - 5　工程路径、工程名和顶层文件名

（4）点击 Next，出现图 4 - 6 所示的工程向导，可以将之前已经设计好的工程文件添加到本项目工程里来，之前若没有设计好的文件，在此保持默认，不进行操作。

（5）点击 Next，出现图 4 - 7 所示的工程向导，选择设计文件下载所需要的可编程芯片的型号，这与所使用的 FPGA 有关，现在只做简单的电路设计和仿真，随便指定一个就可以了。在本例中使用的是 Cyclone II 系列的 EP2C5AF256A7。当学习完"可编程逻辑器件"这门课，熟悉了 CPLD 或 FPGA 器件以后再根据开发板的器件选择合适的器件型号。点击 Next，出现图 4 - 8 所示的工程向导，EDA 工具设置，可以加入第三方 EDA 工具，在此保持默认。

（6）点击 Next，出现图 4 - 9 所示的工程向导，总结前面所做的选择。

（7）点击 Finish，完成工程新建向导，可观察到工程文件夹 test1 中包含工程相关文件，

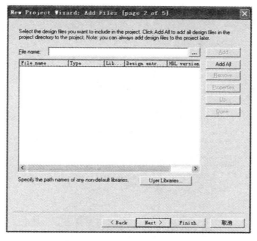

图 4 – 6　添加文件

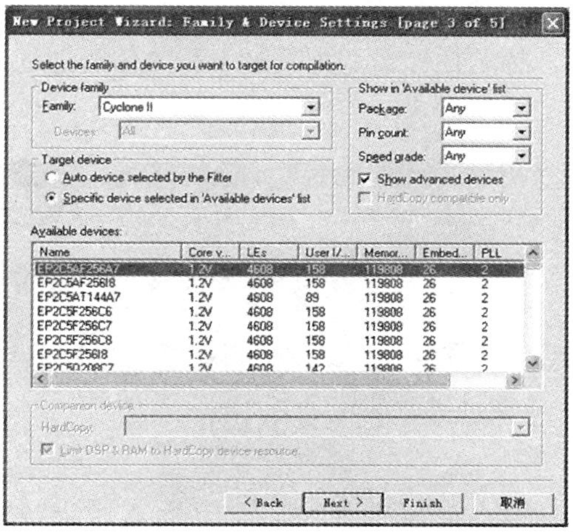

图 4 – 7　EDA 工具设置

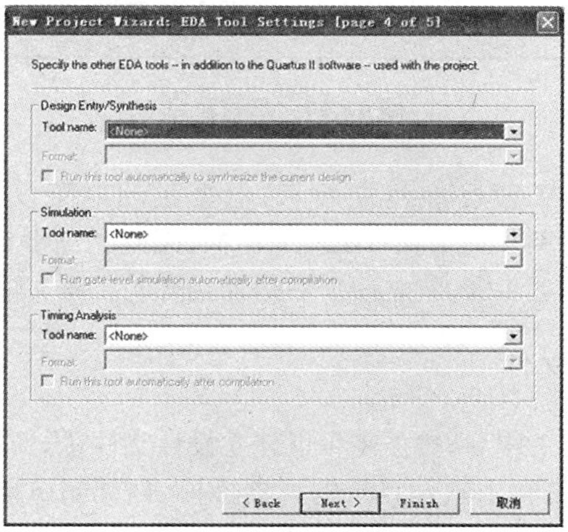

图 4 – 8　器件设置

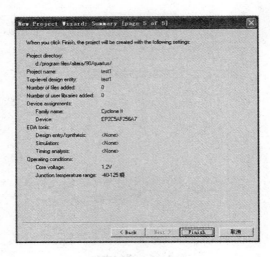

图4-9 总结

工程窗口如图4-10所示。标题栏已经变为新建工程文件的地址,工程导向窗口、任务窗口均与工程信息有关。

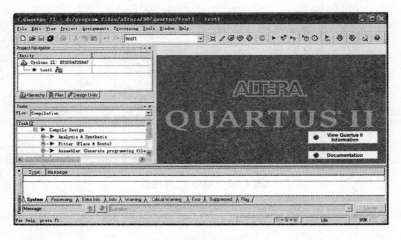

图4-10 工程窗口

到此,一个新的项目工程已经建立起来,但真正的电路设计工作还没开始。由于Quartus II软件的应用都是基于一个项目工程来做的,因此无论设计一个简单电路还是很复杂的电路都必须先完成以上步骤,建立一个后缀为.qpf的工程文件。

4.2.2 建立设计文件

建立好一个新的项目工程后,接下来可以建立设计文件了。Quartus II 软件可以用两种方法建立设计文件:一种是利用软件自带的元器件库,以编辑电路原理图的方式来设计一个数字逻辑电路;另一种方法是应用硬件描述语言(如 VHDL)以编写源程序的方法来设计一个数字电路。本书主要介绍用编辑原理图的方法来设计一些简单的数字逻辑电路。

1. 选择用原理图方式来设计电路

如图 4 - 11 所示, 从"File"菜单中选择"New"命令, 或直接点击常用工具栏的第一个按钮▢, 打开新建设计文件对话框, 如图 4 - 11 所示。选择"Block Diagram/Schematic File", 点击 OK, 即进入原理图编辑界面, 如图 4 - 12 所示, 生成的原理图方式设计文件是 * . bdf 文件。

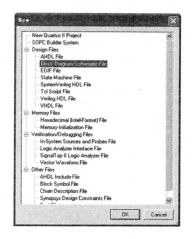

图 4 - 11　新建对话框

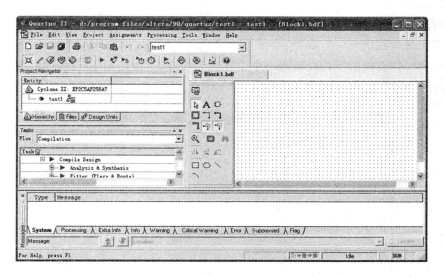

图 4 - 12　空白的图形编辑器

2. 编辑原理图

Quartus II 软件的数字逻辑电路原理图的设计是基于常用的数字集成电路的, 要熟练掌握原理图设计, 必须要认识和熟悉各种逻辑电路的符号、逻辑名称和集成电路型号。下面举例用原理图设计方法设计一个"三人表决器"电路。该电路的逻辑功能是: 三人表决, 以少数服从多数为原则, 多数人同意则议案通过, 否则议案被否决。这里, 我们使用三个按键代表三个参与表决的人,置"0"表示该人不同意议案,置"1"表示该人同意议案;两个指示灯用来表示表决结果,LED1 点亮表示议案通过,LED2 点亮表示议案被否决。三人表决器真值表如表4-1所示。

表4-1 三人表决器真值表

A	B	C	L
0	0	0	0
0	0	1	0
0	1	0	0
0	1	1	1
1	0	0	0
1	0	1	1
1	1	0	1
1	1	1	1

三人表决器的逻辑表达式为 $L = \overline{\overline{AB} \cdot \overline{BC} \cdot \overline{AC}}$。

三人表决器的设计方法和步骤如下。

(1)双击原理图的任一空白处,会弹出一个元件对话框,如图4-13所示。在 Name 栏中输入 nand2 ,在右侧的空白处出现一个2输入的与非门,单击 OK 按钮。此时可以看到光标上粘着被选的符号,将其移到合适的位置(如图4-14)单击鼠标左键,使其固定。

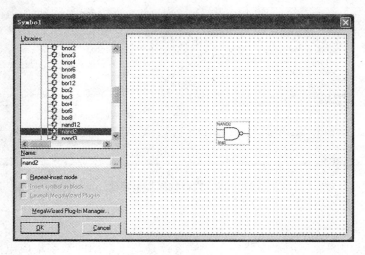

图4-13 选择元件对话框

· 50 ·

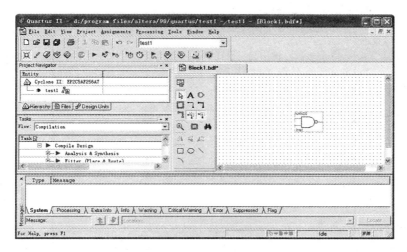

图 4 - 14　放置与非门

（2）重复步骤（1），再放置两个与非门。按照步骤（1）在原理图中放置三个输入端与非门 nand3、三个输入引脚 Input、一个输出引脚 Output。放置元件后如图 4 - 15 所示。

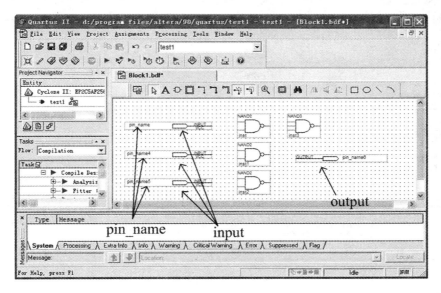

图 4 - 15　放置所有元件

（3）修改输入输出引脚的名称。鼠标左键双击"Input"或"Output"出现如图 4 - 16 所示的引脚属性对话框，对"pin_name"进行编辑。将输入名称改为 A，B，C，输出名称改为 L。

（4）把所用的元件都放好之后，开始连接电路。将鼠标指到元件的引脚上，鼠标会变成"十"字形状。按下左键，拖动鼠标，就会有导线引出，拖到另一个元件的引脚处单击鼠标左键，可看到导线自动连接。根据要实现的逻辑，连好各元件的引脚，如图 4 - 17 所示。

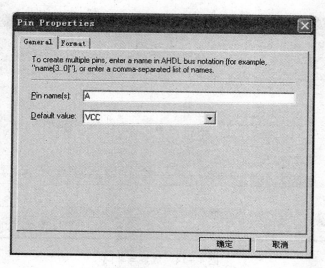

图4-16 引脚属性对话框

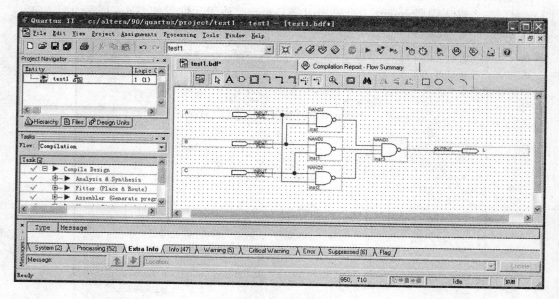

图4-17 完成连线

4.2.3 项目工程编译

设计好的电路若要让软件能认识并检查设计的电路是否有错误,需要进行项目工程编译,Quartus II软件能自动对我们设计的电路进行编译和检查设计的正确性。方法如下:点击"Processing→Start Compilation"命令,或直接点击常用工具栏上的▶按钮,开始编译我们的项目。编译成功后,点击"OK"按钮。完成编译后,弹出菜单报告错误和警告数目,并生成编译报告,如图4-18所示。

图 4-18　编译报告

4.2.4　功能仿真

　　仿真是指利用 Quartus II 软件对我们设计的电路的逻辑功能进行验证,看看在电路的各输入端加上一组电平信号后,其输出端是否有正确的电平信号输出。因此在进行仿真之前,我们需要先建立一个输入信号波形文件。方法和步骤如下。

　　(1)如图 4-19 所示,点击"File→New"命令。在随后弹出的对话框中,选中"Vector

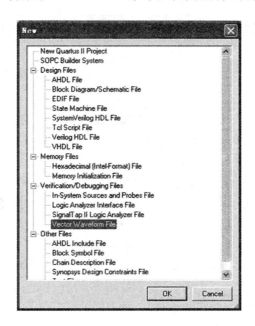

图 4-19　新建选项

Waveform File"选项,点击"OK"按钮,出现图 4 – 20 所示的界面。

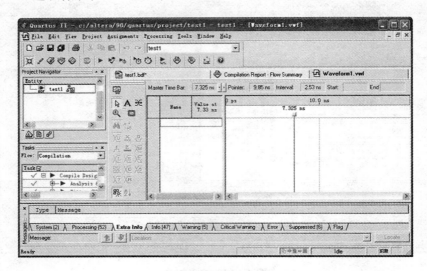

图 4 – 20　波形仿真界面

（2）点击"Edit→Insert Node or Bus"命令,或在图 4 – 21 所示的 Name 列表栏下方的空白处双击鼠标左键,打开编辑输入、输出引脚对话框。

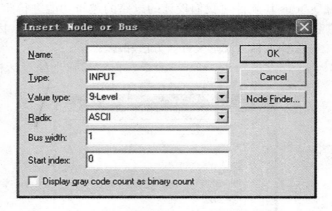

图 4 – 21　编辑输入、输出引脚对话框

（3）在图 4 – 21 新打开的对话框中点击"Node Finder"命令,打开如图 4 – 22 所示的对话框。点击"List"按钮,列出电路所有的端子。点击 >> 按钮,全部加入。点击"OK"按钮回到"Insert Node or Bus"对话框,再点击"OK"按钮确认。

（4）在图 4 – 23 中选择 A 信号,点击"Edit→Value→Clock"命令,或直接点击左侧工具栏上的 按钮。在随后弹出的对话框的"Period"栏目中设定参数为 10 ns,点击"OK"按钮。B、C 也用同样的方法进行设置,"Period"参数分别为 20 ns 和 30 ns。

（5）运行仿真。点击"Processing→Start Simulation"命令,或点击常用工具栏上 开始仿真,仿真结果如图 4 – 24 所示。

（6）由于仿真时默认采用 Timing(时序)模式,时序仿真模式按芯片实际工作方式来模

选择所有引脚　　　　列出所有引脚

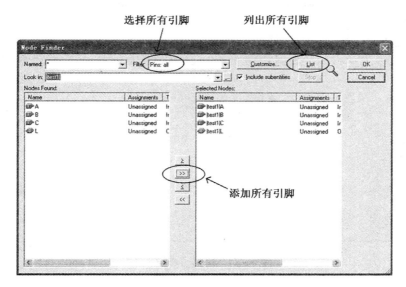

添加所有引脚

图 4 – 22　引脚查找对话框

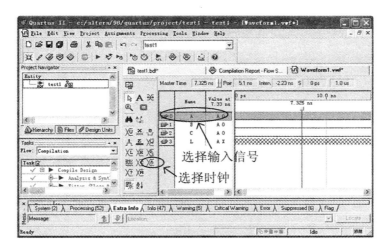

选择输入信号

选择时钟

图 4 – 23　波形文件编辑界面

拟,考虑了元器件工作时的延时情况,因此输出波形中会出现延时或毛刺现象。要解决这些问题,可以将时序仿真修改为功能仿真。功能仿真只是对设计的电路的逻辑功能是否正确进行模拟仿真。在验证我们设计的电路是否正确时,常选择"功能仿真"模式。

　　点击"Assignment→Settings"弹出如图 4 – 25 所示的波形仿真模式设置界面,在左侧选择"Simulator Settings",在右侧的"Simulation mode"中选择"Functional"模式。

　　(7)选择好"功能仿真"模式后,需要生成一个"功能仿真的网表文件",方法为点击"Processing→Generate Functional Simulation Netlist"命令,然后在"Simulation Output File"中选择"Overwrite simulation input file with simulation results "。

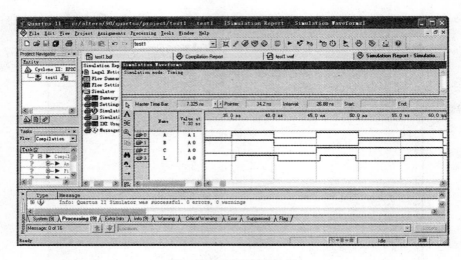

图 4 - 24　波形仿真结果

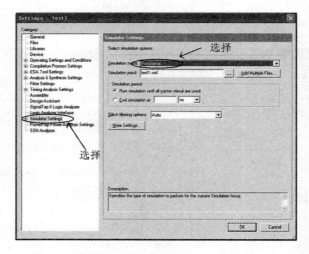

图 4 - 25　波形仿真模式设置界面

（8）开始功能仿真，点击"Processing→Start Simulation"命令，或点击常用工具栏上 开始仿真。仿真结果如图 4 - 26 所示，延时和毛刺现象消失。

4.2.5　引脚分配

引脚分配就是将输入、输出引脚信号锁定在下载目标芯片确定的管脚上，目的是将设计下载到芯片中，以便进行硬件验证与测试。在引脚分配前，先检查一下我们在开始建立项目工程时所指定的可编程逻辑器件的型号与实验板上的芯片型号是否一致，假如不一致，要进行修改，否则无法下载到实验板的可编程逻辑器件中。

（1）点击菜单栏中的"Assignments→Device"，或点击常用工具栏上的 按钮，打开项目工程设置对话框，如图 4 - 27 所示。

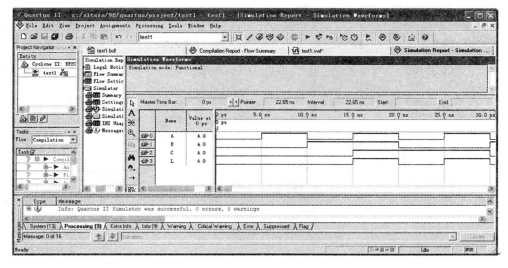

图 4-26　"Functional"模式下波形仿真结果界面

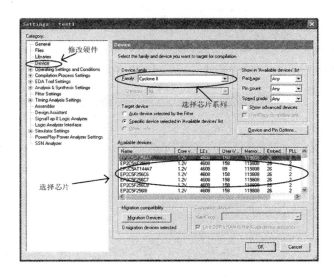

图 4-27　项目工程设置

　　在对话框的左侧点击"Device",然后再点击右侧的"Device Family"修改芯片系列,最后在下方的"Available device"中选择芯片。选好芯片型号后,点击"OK",即修改完成。修改完硬件型号后,重新对项目工程再编译一次,以方便后面配置引脚。

　　(2)点击菜单栏中的"Assignments→Pins 或 Pin Planner",或点击常用工具栏上的 按钮,打开分配引脚对话框,如图 4-28 所示。

　　图 4-28 的下方列表中列出了本项目(三人表决器)所有的输入、输出引脚名。双击分配引脚对应的"Location"项后弹出图 4-28 所示的下载芯片管脚列表,选择合适的管脚,例如将输入 A 引脚分配到芯片的管脚 3,如图 4-28 所示。用该方法完成所有输入、输出引脚

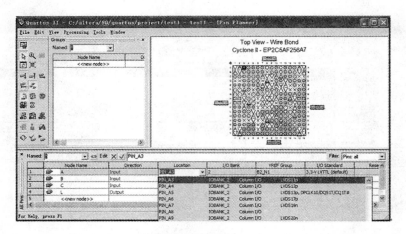

图 4 – 28　分配引脚对话框

的分配。

　　(3)设置无关引脚。在一个项目的设计中,没有用到的下载目标器件引脚的状态在软件中被默认为"As output driving ground",为保证器件的安全使用最好将其设置为"As input tri-stated"。单击"Assignments→Device",弹出图 4 – 27 所示的项目工程设置对话框。单击对话框中的"Device and Pin Options"按钮,选择"Unused Pins"标签页,在"Reserve all unused pins"下拉列表中选择"As input tri-stated",如图 4 – 29 所示,点击确定完成设置。

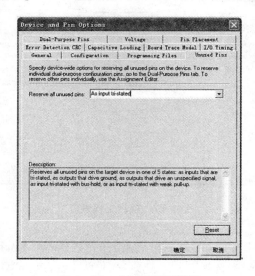

图 4 – 29　分配引脚对话框

　　(4)完成无关引脚的状态设置和输入、输出引脚的分配后必须重新编译,以便将分配的信息编入下载文件中。

4.2.6　下载文件

要将设计文件下载到硬件芯片中,事先一定要准备好一块装有可编程逻辑器件的实验板(或开发板)和一个 USB 下载工具。

(1)点击菜单栏中的"Tool→Programmer",或点击常用工具栏上的 按钮,打开如图 4-30 所示的程序下载窗口。

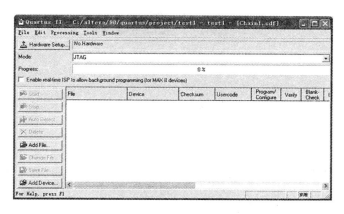

图 4-30　程序下载窗口

(2)硬件设置。单击程序下载窗口左上角的"Hardware Setup"按钮,弹出如图 4-31 所示的硬件设置对话框。在"Currently selected hardware"下拉菜单中选择"USB-Blaster"。

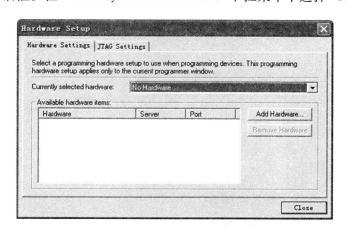

图 4-31　硬件设置对话框

(3)完成硬件设置后,在程序下载窗口可以看到硬件设置结果,单击 Start 按钮开始下载,当下载进程显示 100% 时下载结束。

第5章

电子技术基础实验

5.1 共发射极单管放大电路

5.1.1 实验目的

(1)学习交流放大电路静态工作点的调整方法。

(2)学习电压放大倍数的测量方法,研究负载变化对电压放大倍数的影响。

(3)研究输入信号过大和静态工作点设置不当对输出波形的影响。

(4)学习测量放大电路的输入电阻和输出电阻的方法。

5.1.2 实验设备

(1)示波器:一台。

(2)函数信号发生器:一台。

(3)直流稳压电源:一台。

(4)晶体管毫伏表:一块。

(5)万用表:一块。

5.1.3 实验原理

1. 交流放大电路静态工作点的调整

静态工作点是指放大电路未加输入信号($U_i = 0$)时,晶体三极管各极电压、电流值,即 $I_{BQ}, I_{CQ}, U_{BQ}, U_{CQ}$。放大电路的静态工作点应该尽量设置在晶体三极管输出特性曲线直流负载线的中点,只有这样设置才能在放大输入信号时,获得尽可能大的不失真的输出电压。当电路电源电压 V_{CC} 一定时,工作点的调整主要由 I_{BQ} 和 U_{CQ} 的选择决定。改变放大电路偏置电阻值即可达到这个目的。

如图 5-1 所示的电路,若直流电源 $V_{CC} = 12$ V,$U_{CQ} = 6.4$ V 时,晶体三极管静态工作点接近直流负载线的中点。在图 5-1 电路中调整电位器 R_P 就可以实现静态工作点的调整。记录 $U_{CQ} = 6.4$ V 时的 I_{BQ}, I_{CQ}, U_{BQ} 值,即为静态工作点。

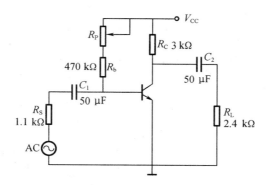

图 5 – 1　单管交流放大电路

2. 输入电阻与输出电阻的测量

（1）输入电阻对信号源来说是一个负载，可以用一个电阻 r_i 来等效，如图 5 – 2 所示。输入电压的大小直接影响到信号源和放大电路的工作情况。通常我们希望放大电路输入电阻尽可能大一些，减小对信号的影响。

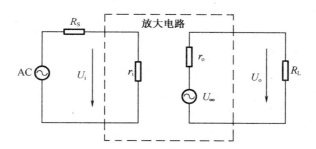

图 5 – 2　输入、输出电阻

输入电阻的测量方法是在放大器的输入端串入一个已知电阻 R_S，在放大器输入端加正弦信号 E_S，在输出电压不失真的情况下，用下式计算输入电阻 r_i

$$r_i = \left(\frac{U_i}{E_S - U_i} \right) R_S$$

（2）放大器输出电阻对后级放大电路来说是一个信号源内阻，放大器输出电阻的大小直接影响放大器带负载能力的大小，通常我们希望放大器的输出级的输出电阻小些。

输出电阻的测量方法是在放大电路输出电压不失真的情况下，分别测量空载（$R_L = \infty$）和有载 R_L 时的输出电压 U_∞ 和 U_L 的值，然后用下式计算输出电阻

$$r_o = \left(\frac{U_\infty}{U_L} - 1 \right) R_L$$

5.1.4　实验内容和步骤

1. 静态工作点的调整和测试

当 $V_{CC} = 12$ V（$U_i = 0$），调整放大电路中 R_P 的数值，使 $U_{CQ} = 6.4$ V，在表 5 – 1 中记录此

时三极管静态值。

表 5 – 1

静态工作点	$I_{BQ}/\mu A$	U_{BQ}/V	U_{CQ}/V
测量值			6.4

2. 测量电压放大倍数

输入正弦信号 $U_i = 20$ mV(有效值), $f = 1$ kHz。在负载分别为 $R_L = \infty$, $R_L = 2.4$ kΩ, $R_L = 16$ kΩ 时,测量其不失真输出电压,并记录于表 5 – 2 中。

表 5 – 2

输出 〱 负载	空载	2.4 kΩ	16 kΩ
U_o/V			

3. 测试输入电阻

输入正弦信号 $U_i = 20$ mV(有效值), $f = 1$ kHz, $R_S = 1.1$ kΩ。在输出电压 U_o 不失真时,测量输入电阻 r_i 与输出电阻 r_o 值。

4. 研究输入信号过大和静态工作点不当对输出电压 U_o 的影响

(1)按照实验内容 1 设置静态工作点,选择负载为 $R_L = 16$ kΩ,增大输入信号 U_i,用示波器观察输出电压 U_o 的失真波形并记录。

(2)输入正弦信号 $U_i = 20$ mV(有效值), $f = 1$ kHz,负载为 $R_L = 16$ kΩ。调整电位器 R_P 使电流 I_{BQ} 分别为最大值和最小值时,测量静态工作点并记录于表 5 – 3 中。用示波器观察输出电压 U_o 的失真波形并记录。

表 5 – 3

静态工作点	$I_{BQ}/\mu A$	U_{BQ}/V	U_{CQ}/V
I_{BQ} 最大值			
I_{BQ} 最小值			

5.1.5 实验注意事项

(1)应先调整直流电源 $V_{CC} = 12$ V,关上电源再连接线路,防止接错电源损坏三极管。

(2)注意万用表的挡,在测量电压时一定不要将测量挡位放在电流挡和电阻挡,否则会损坏万用表。

5.1.6 实验报告要求

(1)计算测量得到的电压放大倍数 A_u,并与理论值比较,计算误差。

（2）将输入、输出电阻的测量值与理论值进行比较,计算误差。

（3）用图解法分析静态工作点设置不当和信号过大造成的非线性失真。

5.2　多级放大电路与负反馈

5.2.1　实验目的

（1）学习多级放大电路静态工作点的调试方法。

（2）掌握测试多级负反馈放大电路性能指标的基本方法。

（3）研究负反馈对放大电路性能的影响。

5.2.2　实验设备

（1）示波器:一台。

（2）直流稳压电源:一台。

（3）函数信号发生器:一台。

（4）晶体管毫伏表:一块。

（5）万用表:一块。

5.2.3　实验原理

1．阻容耦合多级放大电路

在实际应用中,常对放大电路的性能提出多方面的要求。因此仅靠任何一种放大电路都不可能同时满足所有的要求。这时可以将多个基本放大电路合理连接构成多级放大电路。将放大电路的前级输出端通过电容接到后级输入端,称为阻容耦合方式。图 5 - 3 是一个两级阻容耦合放大电路。第一级称为前置级,它的任务主要是接收信号,并与信号源进行阻抗匹配。第二级称为电压放大级,主要是提高输出电压,因此要求动态范围大。静态工作点一般选在交流负载线的中点。

2. 多级放大电路的性能指标

（1）交流电压放大倍数 A_u

A_u 等于该多级放大电路每一级交流电压放大倍数的乘积: $A_u = \dfrac{U_o}{U_i} = A_{u1} \cdot A_{u2} \cdot A_{u3} \cdot \cdots \cdot A_{un}$, A_{un} 为各级电压放大倍数。

（2）多级放大电路输入电阻和输出电阻

多级放大电路输入电阻就是第一级放大电路的输入电阻。多级放大电路输出电阻是末级放大电路的输出电阻。

3．放大电路的幅频特性

在工程中,放大电路的放大信号不一定是单一的频率信号,也可能是含有多个频率的

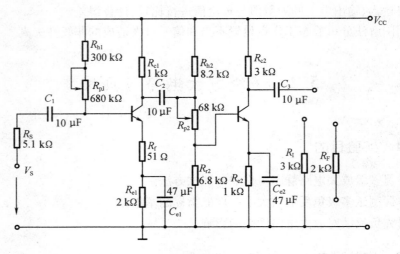

图 5-3　两级阻容耦合放大电路

信号(如音乐)。由于放大电路中存在电抗性元件,如耦合电容、晶体管极间电容及电路元件和导线间的分布电容等,因而交流放大电路工作频率范围受到限制。图 5-4 是放大电路的频率特性,其中 A_{uo} 为中频电压放大倍数,f_L、f_H 是放大倍数的下限频率和上限频率,则放大倍数的通频带为 $\Delta f = f_H - f_L$。测量通频带的简单方法为:选择一个输入信号 u_i,保持幅值不变,改变信号频率,找出中频区 A_{u_o},计算出 $A_{u_o}/\sqrt{2} =$

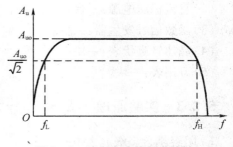

图 5-4　放大电路的频率特性

$0.707A_{u_o}$,调节输入信号频率,并根据 $0.707A_{u_o}$ 便可得到对应的 f_L、f_H。

4. 负反馈

如果将输出量部分或全部反送到输入端,使放大电路的净输入信号减小,从而使输出信号减小即为负反馈。为改善放大电路性能,一般采用负反馈。在放大电路中负反馈可分为电压串联负反馈、电压并联负反馈、电流串联负反馈和电流并联负反馈四种组态。引入负反馈后放大电路的增益有所下降,但提高了增益的稳定性。减小放大电路的非线性和线性失真,扩展通频带,改变放大电路的输入、输出电阻等。

5.2.4　实验内容和步骤

1. 调整测试静态工作点

输入一个正弦小信号 $u_i = 20$ mV,$f = 1\ 000$ Hz,用示波器在放大电路输出端观察 u_o,调节 R_{P1} 和 R_{P2},使输出电压 u_o 达到最大不失真输出 $u_{o\ max}$。然后撤去 u_i,测出两级放大电路的静态工作点并记录于表 5-4 中。

表 5 − 4　两级放大电路静态工作点的测量

I_{B1Q}/mA	U_{B1Q}/V	U_{C1Q}/V	I_{B2Q}/mA	U_{B2Q}/V	U_{C2Q}/V

2 . 电压放大倍数的测量

输入信号 $u_i = 20$ mV, $f = 1$ kHz, 在放大电路输出 u_o 不失真时, 对表 5 − 5 中参数进行测量。分为无反馈与有反馈两种情况, 负载选择 $R_L = \infty$、$R_L = 3$ kΩ 两种情况。负反馈电阻为 $R_f = 2$ kΩ, 从输出端引出接入前一级三极管发射极。

表 5 − 5

测量电源	测量数据	u_{o1}/V	u_{o2}/V
无负反馈	$R_L = \infty$		
	$R_L = 3$ kΩ		
有负反馈	$R_L = \infty$		
	$R_L = 3$ kΩ		

3. 放大电路通频带的测试

按表 5 − 6 中要求, 改变信号频率, 保持 $u_i = 20$ mV 不变, 测出对应的输出电压 u_o, 并记录。

表 5 − 6

输出 u_o 频率	...	f_L/Hz	...	f_H	...
$R_L = 3$ kΩ 无负反馈					
$R_L = 3$ kΩ 有负反馈					

5.2.5　实验注意事项

(1) 不要将有无负载情况弄混, 防止接错电路。

(2) 在测试放大电路通频带时, 中频区数据可少取几组; 在频率变化和输出电压变化较快的区域, 应多取几组数据。

5.2.6　实验报告要求

(1) 整理数据, 计算在有、无反馈时电压放大倍数 A_u 的数值。

(2) 用坐标纸绘出通频带曲线。

(3) 总结电压负反馈对放大电路性能的影响。

5.3 功率放大电路

5.3.1 实验目的

(1)掌握互补功率放大电路的基本工作原理。
(2)掌握互补功率放大电路最大输出功率和效率的测量方法。
(3)了解 OCL 功率放大电路交越失真的产生和解决方法。

5.3.2 实验设备

(1)示波器:一台。
(2)函数信号发生器:一台。
(3)直流稳压电源:一台。
(4)晶体管毫伏表:一块。
(5)万用表:一块。

5.3.3 实验原理

1. 互补功率放大电路

在实用电路中,往往要求放大电路的末级(即输出级)输出一定的功率,以驱动负载。能够向负载提供足够信号功率的放大电路称为功率放大电路。目前使用最广泛的互补功率放大电路是无输出变压器的功率放大电路(OTL 电路)和无输出电容的功率放大电路(OCL 电路)。

图 5－5 所示为 OTL 低频功率放大电路,其中 V_1 为推动级(也称前置放大级),V_2 和 V_3 是一对参数对称的 NPN 和 PNP 型晶体三极管,它们组成互补推挽 OTL 功放电路。由于每个管子都接成射极输出器形式,因此 OTL 低频功率放大电路具有输出电阻低、负载能力强等优点,适合于做功率输出级。V_1 工作于甲类状态,它的集电极电流 I_{C1} 由电位器 R_{P1} 进行调节。I_{C1} 的一部分流经电位器 R_{P2} 及二极管 V_D,给 V_2、V_3 提供偏置电流。调节 R_{P2},可以使 V_2、V_3 得到合适的静态电流而工作于甲、乙类状态,以克服交越失真。静态时要求输出端中点 A 的电位 $U_A = V_{CC}/2$,可以通过调节 R_{P1} 来实现。由于 R_{P1} 的一端接在 A 点,因此在电路中引入交、直流电压并联负反馈,一方面能够稳定放大器的静态工作点,同时也改善了非线性失真。

当输入正弦交流信号 u_i 时,经 V_1 放大、倒相后同时作用于 V_2、V_3 的基极,u_i 的负半周使 V_2 管导通(V_3 管截止),有电流通过负载 R_L,同时向电容 C_3 充电,在 u_i 正半周,V_3 导通(V_2 截止),则充好电的电容 C_3 起着电源的作用,通过负载 R_L 放电,这样在 R_L 上就得到完整的正弦波。C_2 和 R 构成自举电路,用于提高输出电压正半周的幅度,以得到大的动态范围。

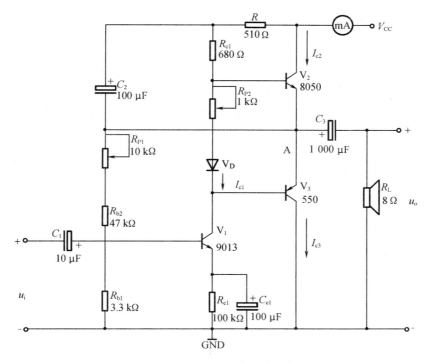

图 5-5　OTL 低频功率放大电路

基本的 OCL 电路如图 5-6 所示，V_1 和 V_2 特性对称，采用双电源供电，输入电压为正弦波，输出与输入之间双向跟随。当输入信号处于正弦信号正半周时，V_2 截止，V_1 承担放大作用，有电流流过负载；当输入信号处于正弦信号负半周时，V_1 截止，V_2 承担放大作用，仍有电流通过负载，输出波形 u_o 为完整的正弦波。这种互补对称电路实现了在静态时晶体管不取电流，由于电路对称，所以输出电压 $u_o = 0$，而在有信号时，V_1 和 V_2 轮流导通，组成推挽式电路。

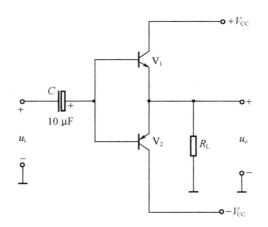

图 5-6　基本的 OCL 电路

若考虑晶体管 B、E 间的开启电压 U_{on},则当输入电压的数值 $|u_i| < U_{on}$ 时,V_1 和 V_2 均处于截止状态,输出电压为零;只有当 $|u_i| > U_{on}$ 时,V_1 或 V_2 才导通,因而输出电压波形产生交越失真。

消除交越失真的 OCL 功率放大电路如图 5-7 所示,输入信号的正半周主要是 V_1 管发射极驱动负载,负半周主要是 V_2 管发射极驱动负载,而且两管的导通时间都比输入信号的半个周期长,即在信号电压很小时,两只管子同时导通,因而它们工作在甲乙类状态。

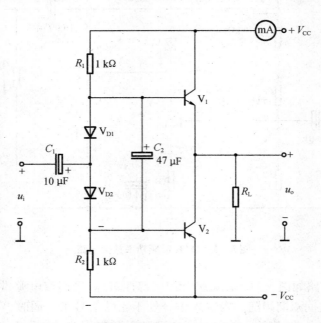

图 5-7　消除交越失真的 OCL 功率放大电路

2. 互补功率放大电路的主要性能指标

（1）最大不失真输出功率 P_{omax}

对于 OTL 功率放大电路,理想情况下,忽略晶体管的饱和压降,负载上最大输出电压幅值 $U_{omax} \approx V_{CC}/2$。此时负载上的最大不失真功率为 $P_{omax} = \dfrac{U_{CC}^2}{8R_L}$。对于 OCL 功率放大电路,理想情况下,负载上的最大不失真功率为 $P_{omax} = \dfrac{U_{CC}^2}{2R_L}$。在实验中可通过测量 R_L 两端的电压有效值来求得实际的 $P_{omax} = \dfrac{U_o^2}{R_L}$。

（2）效率 η

$$\eta = \frac{P_{omax}}{P_E} \times 100\%$$

式中,η 是直流电压供给的平均功率。

理想情况下,$\eta_{max} = 78.5\%$。在实验中,可测量电源供给的平均电流 I_{DC},从而求得 $P_E = U_{CC}I_{DC}$,负载上功率可用上述方法求出。如果考虑晶体管的饱和压降,实际测试的数值要小于 78.5%。

（3）输入灵敏度

输入灵敏度是指输出最大不失真功率时,输入信号 u_i 的值。

5.3.4　实验内容和步骤

1. OTL 功率放大电路

（1）静态工作点的测试

按图 5 - 5 连接实验电路,电源进线中串入直流毫安表,将 R_{P2} 置最小值,R_{P1} 置中间位置。 +5 V 接通电源,观察毫安表指示,同时用手触摸输出级管子,若电流过大或管子温升显著,应立即断开电源检查原因（如 R_{P2} 开路,电路自激,或输出管性能不好等）。如无异常现象,可开始调试。

①调节输出端中点电位 U_A:调节 R_{P1},用数字万用表测量 A 点电位,使 $U_A = \frac{1}{2}U_{CC}$。

②调节输出级静态电流及测试各级静态工作点:调节 R_{P2},使 V_2 和 V_3 管的 $I_{C2} = I_{C3} = 5 \sim 10$ mA。就减小交越失真而言,应适当加大输出级静态电流,但该电流过大,会使效率降低,所以一般以 $5 \sim 10$ mA 为宜。由于毫安表串接在电源进线中,因此测得的是整个放大器的电流。但 V_1 一般的集电极电流 I_{C1} 较小,从而可以把测得的总电流近似当作末级的静态电流,则可从总电流中减去 I_{C1}。

调整输出级静态电流的另一种方法是动态调试法。使 $R_{P2} = 0$,在输入端接入 $f = 1$ kHz 的正弦信号 u_i,逐渐加大输入信号的幅值。此时,输入波形会出现较严重的交越失真（注意,没有饱和失真和截止失真）,然后缓慢增大 R_{P2},当交越失真刚好消失时,停止调节 R_{P2},恢复 $u_i = 0$,此时直流毫安表读数即为输出级静态电流,一般数值在 $5 \sim 10$ mA,如过大,则要检查电路。

输出级电流调好以后,测量各级静态工作点,记入表 5 - 7 中。

表 5 - 7　OTL 互补功率放大电路各级静态工作点

$I_{c2} = I_{c3} = $ ____ mA　,　$U_A = 2.5$ V		
	V_1	V_2	V_3
U_B/V			
U_C/V			
U_E/V			

（2）最大输出功率 P_{omax} 和效率 η 的测试

①测量 P_{omax}:输入端接 $f = 1$ kHz 的正弦信号 u_i,输出端用示波器观察输出电压 u_o 波形。逐渐增大 u_i,使输出电压达到最大不失真输出,用交流毫伏表测出负载 R_L 上的电压 U_{omax},则

$$P_{omax} = \frac{U_{omax}^2}{R_L}$$

②测量效率 η:当输出电压为最大不失真输出时,此时数字直流毫安表显示的电流值即

为直流电源供给的平均电流 I_{DC}（有一定误差），由此可近似求得 $P_E = U_{CC}I_{DC}$，再根据上面测得的 P_{omax}，计算效率 η。

③输入灵敏度测试：根据输入灵敏度的定义，只要测出输出功率 $P_o = P_{omax}$ 时的输入电压值 u_i 即可。

2. OCL 功率放大电路测试

（1）OCL 电路的交越失真

按照图 5-6 所示，连接好电路。电路供电电压为 ±9 V，利用函数信号发射器为 OCL 电路提供输入信号（频率为 1 kHz、幅度为 1 V 的正弦信号），用示波器的两个通道同时观察输入波形和输出波形，缓慢调节输入电压幅度，可看到输出波形出现交越失真，绘制出失真的波形。

（2）最大输出功率 P_{omax} 及效率 η

按照图 5-7 所示，连接好电路。在输入端 u_i 输入频率为 1 kHz、幅度为 1 V 的正弦信号，利用示波器观察输出电压 u_o 的波形。逐步增大输入信号的幅度，直至输出电压幅度最大且无明显失真时为止。这时的输出电压为最大不失真电压，用晶体管毫伏表分别测出此时的 u_i 和 u_o 的值，填入表 5-8 中。

表 5-8　OCL 电路指标测试

u_i/V	u_o/V	U_{CC}/V	R_L/Ω	I_{C1}/A	P_O/W	P_V/W	$\eta/\%$
			10				
			20				

根据公式算出最大不失真输出功率。

输出仍保持为最大不失真电压，这时在电路中串入直流电流表测量 I_{C1}，电流表测得的电流即为电源 V_{CC} 给 V_1 管提供的平均电流，由于电路对称，给 V_2 管提供的电流 I_{C2} 与 I_{C1} 相等。根据 V_{CC} 和 I_{C1} 可算出两个电源提供的总功率为 $P_V = 2U_{CC}I_{C1}$。由 P_o 和 P_V 可得出 OCL 电路在 u_o 为最大不失真输出时的效率 η。

改变负载电阻值，按照表 5-8 重新测试 OCL 电路指标。

（3）输入灵敏度测试

输入灵敏度是指输出最大不失真功率时，输入信号 u_i 的值。

5.3.5　实验注意事项

在 OTL 放大电路实验中要注意以下问题：

①在调整 R_{P2} 时，一定要注意旋转方向，不要调得过大，更不能开路，以免损坏输出管；

②输出管静态电流调好后，如无特殊情况，不得随意旋动 R_{P2} 的位置。

5.3.6　实验报告要求

（1）画出实验电路图，整理实验数据，画出交越失真波形。

（2）分析互补功率放大电路的工作状态和工作原理。

（3）分析消除交越失真的 OCL 功率放大电路原理。

（4）总结互补功率放大电路主要性能指标的测试方法。

5.4　集成运算放大器的线性运算

5.4.1　实验目的

（1）学习集成运算放大器的使用方法。

（2）掌握集成运算放大器的几种基本运算方法。

5.4.2　实验设备

（1）示波器：一台。

（2）直流稳压电源：一台。

（3）函数信号发生器：一台。

（4）万用表：一块。

5.4.3　实验原理

集成运算放大器是具有高开环放大倍数的多级直接耦合放大电路。在它外部接上负反馈支路和一定的外围元件便可组成不同运算形式的电路。本实验只对反相比例、同相比例、反相加法和积分运算进行应用研究。

（1）图 5－8 是反相比例运算原理图。反相比例运算输出电压 u_o 和输入电压 u_i 的关系为

$$u_o = -\frac{R_f}{R_1}u_i$$

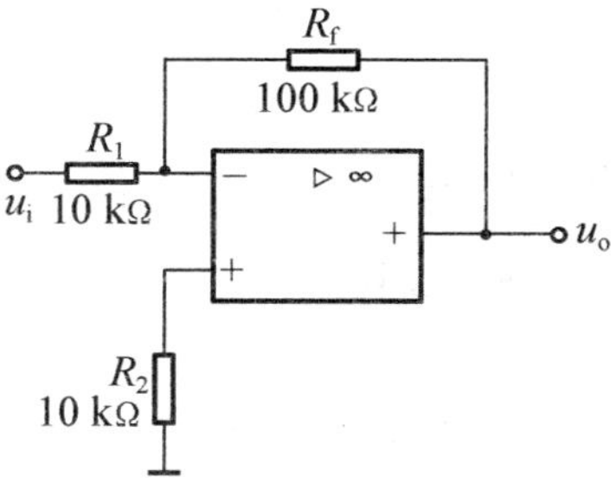

图 5－8　反相比例运算原理图

（2）图 5－9 是同相比例运算原理图。同相比例运算电压 u_o 和输入电压 u_i 的关系为

$$u_o = \left(1 + \frac{R_f}{R_1}\right)u_i$$

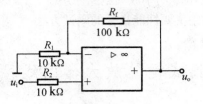

图 5 – 9 同相比例运算原理图

（3）图 5 – 10 是反相加法运算原理图。反相比例运算电压 u_o 和输入电压 u_i 的关系为

$$u_o = -\left(\frac{R_f}{R_1}u_{i1} + \frac{R_f}{R_2}u_{i2}\right)$$

当 $R_1 = R_2 = R$ 时，则

$$u_o = -\frac{R_f}{R_1}(u_{i1} + u_{i2})$$

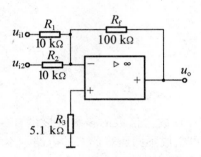

图 5 – 10 反相加法运算原理图

（4）图 5 – 11 是积分比例运算原理图。积分比例运算电压 u_o 和输入电压 u_i 的关系为

$$u_o = -\frac{1}{R_1 C}\int u_i \mathrm{d}t$$

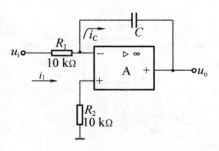

图 5 – 11 积分比例运算原理图

（5）计算电路参数。

①在图 5 – 8 中，已知 $u_o = 1$ V，$R_f = 100$ kΩ，$u_i = -0.1$ V，求 R_1 的数值。

②在图 5 – 10 中，已知 $u_o = 1.2$ V，$u_{i1} = -0.1$ V，$u_{i2} = -0.2$ V，$R_f = 100$ kΩ，求 R_1、R_2

的数值。

5.4.4　实验内容和步骤

1. 运算放大器调零($u_o = 0$)

把运算放大器的反相、同相输入端接地,调节调零电位器 W_0,使输出电压 u_o 为零。

2. 反相比例运算

把同相输入端接地,反相输入端加入直流信号电压,按表 5-9 加 u_i 数值,测量 u_o。

表 5-9

u_i/V	-0.2	-0.1	0	0.1	0.2
u_o/V					

3. 同相比例运算

把反相输入端接地,同相输入端加入直流信号电压,按表 5-10 加 u_i 数值,测量 u_o。

表 5-10

u_i/V	-0.2	-0.1	0	0.1	0.2
u_o/V					

4. 反相加法运算

把同相输入端接地,反相输入端加入直流信号电压,按表 5-11 加 u_{i1} 和 u_{i2} 数值,测量 u_o。

表 5-11

u_{i1}/V	0.3	0.1	0.1	-0.1
u_{i2}/V	-0.1	0.2	-0.2	0.2
u_o/V				

5. 反相积分运算

在反相积分运算时,反馈电路接入积分电容。在反相输入端加入 1 kHz 的标准方波,用示波器同时观察输入、输出波形,并记录输入、输出波形。

5.4.5　实验注意事项

(1)先调整好 ±15 V 电源,断开电源开关,按原理图接线。

(2)在进行放大器调零、比例运算和加法运算时,反馈电阻要始终接入电路中,使放大器始终处于闭环状态。

(3)测量输入、输出电压时,万用表最好用 2.5 V 的挡位。

5.4.6　实验报告要求

(1)整理测量数据,并讨论结果。

(2)按时间坐标画出积分运算 u_i、u_o 的对应波形。

5.5 门电路与组合逻辑电路

5.5.1 实验目的

(1)验证门电路的逻辑功能。
(2)熟悉常用门电路芯片的型号、外形、引脚排列及其功能。

5.5.2 实验设备

(1)实验箱:一个。
(2)万用表:一块。
(3)芯片:74LS00 × 1,74LS20 × 1,74LS53 × 1,74LS25 × 1。

5.5.3 实验原理

1. 与非门

与非门逻辑符号如图 5 − 12 所示,与非门逻辑表达式为 $Y = \overline{AB}$。当两个输入端有一个低电平时,输出即为高电平。在门电路芯片中,输入端一般用 A, B, C, D,…表示,输出端用 Y 表示。如一块集成芯片有几个门电路时,在其输入、输出端的功能标号前(或后)标上相应的序号。如图 5 − 13 所示,74LS00 为四个 2 输入与非门电路,1A、1B 为第一个与非门的输入端;1Y 为该门的输出端,2A、2B 为第二个与非门的输入端,2Y 为其输出端,依此类推。与 74LS00 相类似的还有 74LS20,74LS20 为两个 4 输入与非门电路,如图 5 − 14 所示。

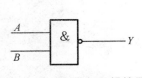

图 5 − 12　与非门逻辑符号

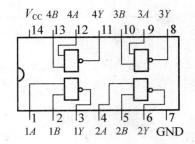

图 5 − 13　74LS00 管脚排列图

2. 三态门

三态门是在普通门电路的基础上,附加使能控制端构成的。三态门输出除了有高、低电平这两个状态以外,还有第三个状态——高阻态。三态门逻辑符号如图 5 − 15 所示,可以看出 EN 为控制端。当 $EN = 0$ 时,$A = 0$,$Y = 0$;$A = 1$,$Y = 1$。当 $EN = 1$ 时,输出呈现高阻态。

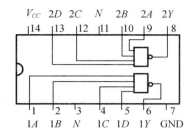

图 5 – 14 74LS20 管脚排列图

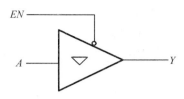

图 5 – 15 三态门逻辑符号

三态门的主要用途是在数字系统中构成总线。如图 5 – 16 所示,三个三态门接在一条数据线上进行数据传输,只要工作过程中控制各个三态门的控制端,使 EN 端轮流等于 1,而且在任何时候都仅有一个等于 1,就可以实现把各个三态门的输出信号送到总线进行传输,三态门这种传输数据的方式亦称作三态门的线或关系。图 5 – 17 为 74LS125 管脚排列图,该芯片包含四个三态门。

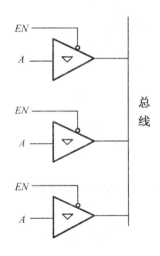

3. 三人表决器

三人表决器组合逻辑电路三输入端 A,B,C 供三人表决用,F 表示表决结果。如果表决人赞成,按下按键,用 1 表示;如果不赞成,不按按键,用 0 表示。表决结果用指示灯提示,多数人赞成,指示灯亮,$F = 1$;反之不亮,$F = 0$。

图 5 – 16 三态门

4. 数据选择器

在数字信号的传输过程中,有时需要从一组输入数据中选出某一个来,这时就用到一种称为数据选择器的逻辑电路。双 4 选 1 数据选择器 74LS153 管脚分配如图 5 – 18 所示。它包含两个完全相同的 4 选 1 数据选择器。数据输入端和输出端是各自独立的。当使能端 $E = 0$ 时,数据选择器工作,通过给定不同的地址代码(即 BA 的状态)即可从 4 个输入数据中选择一个所要的送至输出端 Y。

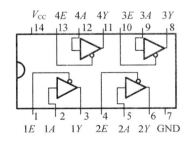

图 5 – 17 74LS125 管脚排列图

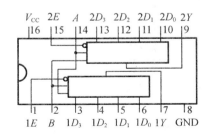

图 5 – 18 74LS153 管脚排列图

5.5.4　实验内容和步骤

1. 与非门(74LS00)逻辑功能的测试

将 74LS00 的 7 脚接地,14 脚接 5 V 电源,任选其中一个与非门。把与非门输入端接到逻辑电平输出端,与非门输出端接到灯显区。按表 5 - 12 输入逻辑电平,记录输出状态和输出电压。

表 5 - 12

A	B	F	输出电压 u_o/V
0	0		
0	1		
1	0		
1	1		

2. 三态门(74LS125)逻辑功能的测试

(1)测量三态门的基本逻辑关系

将 74LS125 的 7 脚接地, 14 脚接 5 V 电源,任选其中一个三态门。把三态门的输入端接到逻辑电平输出端,按表 5 - 13 输入逻辑电平,记录输出状态和输出电压。

表 5 - 13

E	A	F	输出电压 u_o/V
0	0		
	1		
1	0		
	1		

(2)观察三态门的线或功能

按图 5 - 16 接线,三态门的线或输出端接到灯显区。按表 5 - 14 输入逻辑电平,并记录数据。

表 5 - 14

EN_1	EN_2	EN_3	A	B	C	F
0	1	1	0	×	×	
			1	×	×	
1	0	1	×	0	×	
			×	1	×	
1	1	0	×	×	0	
			×	×	1	

3．三人表决器

写出三人表决器的逻辑表达式,要求用与非门 74LS00、74LS20 实现三人表决器,画出逻辑图。按逻辑图连线,将表决器输出端接到灯显区,按表 5 - 15 输入逻辑电平,观察并记录输出结果。

表 5 - 15

A	B	C	F
0	0	0	
0	0	1	
0	1	0	
0	1	1	
1	0	0	
1	0	1	
1	1	0	
1	1	1	

4. 数据选择器

将 74LS153 的 8 脚接地,16 脚接 5 V 电源,把选择器 1 的使能端 $1E$,选择端 A、B,数据输入端 $1D_0$,$1D_1$,$1D_2$,$1D_3$ 分别连到逻辑电平输出端,输出 Y 连到灯显区。按表 5 - 16 输入逻辑电平,并记录输出结果。

表 5 - 16

使能	选择输入		数据输入				输出
$1E$	B	A	$1D_0$	$1D_1$	$1D_2$	$1D_3$	$1Y$
1	×	×	×	×	×	×	
0	0	0	0	×	×	×	
			1				
	0	1	×	0	×	×	
				1			
	1	0	×	×	0	×	
					1		
	1	1	×	×	×	0	
						1	

5.5.5 实验注意事项

(1)实验前要熟悉元件管脚功能。

（2）实验前必须先测试所用元件功能,检查元件是否已损坏。

5.5.6 实验报告要求

（1）写出实验内容结论。
（2）总结测试组合逻辑电路的步骤。

5.6 编码器和译码器

5.6.1 实验目的

（1）加深理解编码器和译码器等中规模组合逻辑电路的工作原理和功能。
（2）掌握编码器和译码器等中规模集成电路的性能及使用方法。
（3）掌握数码管的使用方法。

5.6.2 实验设备

（1）实验箱:一个。
（2）芯片:74LS48 × 1,74LS148 × 1。

5.6.3 实验原理

1. 编码器

在数字系统里,将表示一定信息的高(低)电平编成二进制代码的过程称为编码。具有编码功能的逻辑电路称为编码器。编码器的功能是将有特定意义的输入信号变换成一组二进制代码。编码器有 m 个输入和 n 个输出,满足关系式 $m \geqslant n$。

本次实验所用到的编码器为8线－3线优先编码器74LS148,其引脚排列如图5－19所示,其引脚功能为: $\bar{I}_0 \sim \bar{I}_7$ 为8线输入端, $\bar{I}_7$ 优先级别最高; $\bar{Y}_0 \sim \bar{Y}_2$ 为3线输出端; $\bar{S}$ 端为使能输入端(低电平有效); $\bar{Y}_S$ 为使能输出端($\bar{Y}_S = 0$,表示无输入信号,编码器不工作); $\bar{Y}_{EX}$ 为扩展输出端($\bar{Y}_{EX} = 0$,表示有输入信号,编码器工作)。优先编码器允许两个以上的输入信号同时输入,但是编码器只对优先权最高的输入对象实现编码。

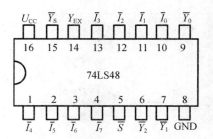

图5－19 74LS148引脚排列

2. 数码管

LED 数码管是由发光二极管作为显示字段的数码显示器件,分共阴和共阳两种。常用共阴型有 BS201,BS202,BS203 等;共阳型有 BS211,BS212,BS213 等。图5－20 分别是共阴数码管、共阳数码管的引脚功能和相应接法,图中七只发光二极管(a～g 七段)构成"8"字形,还有一只发光二极管 dp 作为小数点。另外,图 5 - 20 中 com 端为公共端,若为共阴数码管,使用时 com 端接地;若为共阳数码管,com 则接电源。

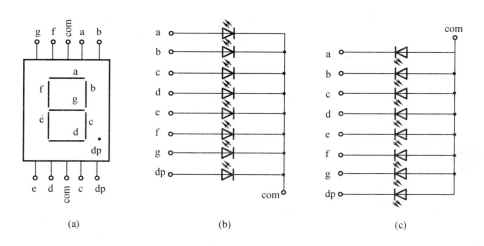

图 5 - 20　LED 数码管引脚功能及两种接法

(a)引脚;(b)共阴;(c)共阳

3. 译码器

在数字系统中,需要把二进制代码或二一十进制代码(BCD 码)翻译成字符或十进制数字并直接显示出来,或翻译成控制信号去执行某些操作,这个"翻译"过程称为译码。根据不同用途,译码器通常分为以下三类。

(1)显示译码器

用来实现各种显示器件,如 LED 等数码管。

(2)码制变换译码器

如 BCD 码到十进制译码器,余 3 码、格雷码到 8421 码译码器等均属于码制变换译码器。

(3)变量译码器

也称二进制译码器,如 2 线 - 4 线译码器、3 线 - 8 线译码器、4 线 - 16 线译码器等中规模集成译码器都属于此类。

中规模集成译码器 74LS48 可以直接驱动共阴极数码管,当 $U_{CC} = 5$ V 时输出电流约为 2 mA,管脚排列如图 5 - 21 所示。图 5 - 21 中,引脚 D,C,B,A 是四位二进制代码输入端,其

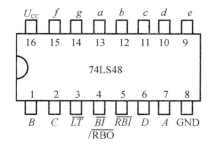

图 5 - 21　74LS48 引脚排列

中 D 是最高位,A 是最低位,七个输出端 a,b,c,d,e,f,g 应与数码管的七段引脚相连接。译码显示电路如图 5 – 22 所示。

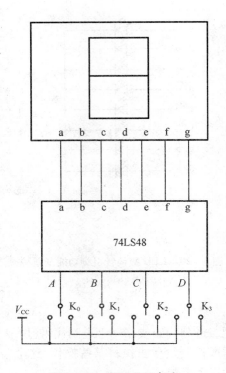

图 5 – 22 译码显示电路

译码器 74LS48 的 $\overline{LT}$,$\overline{BI/RBO}$,$\overline{RBI}$(3,4,5 引脚)为三个控制端。$\overline{LT}$(试灯输入)接低电平时,输出端 a,b,c,d,e,f,g 全为高电平,连接共阴极数码管时数码管七段全亮,此时与输入的译码信号无关,此功能用于测试数码管的好坏。$\overline{BI}$(灭灯输入)接低电平时,输出端 a,b,c,d,e,f,g 全为低电平,被驱动的数码管七段应该全灭,与输入的译码信号无关。$\overline{RBI}$(灭0 输入)接低电平并且译码输入为 0 时,该位输出显示的 0 字应被熄灭,即不显示;当译码输入为非 0 时,正常显示,该输入端用于消除无效的 0,如数据 0012. 1230 可显示为 12. 123。$\overline{RBO}$(灭 0 输出),当该译码器的 $\overline{RBI}$ 接低电平且译码输入 D,C,B,A 也为 0 时,$\overline{RBO}$ 输出低电平。相邻译码器之间的 $\overline{RBI}$ 和 $\overline{RBO}$ 的配合使用用于消除无效的 0。如果不用上述功能,则三个控制端接高电平或悬空。

当 D,C,B,A 端依次加入不同的二进制代码,如从 0000 ~ 1111 时,译码器输出端 a ~ g 上将得到另一种与之一一对应的代码,由此控制数码管,使之显示所要求的十进制字形。74LS48 的功能表如表 5 – 17 所示。

表 5 - 17　74LS48 的功能表

十进制数	输入							输出							显示字符
	$\overline{LI}$	$\overline{RBI}$	D	C	B	A	$\overline{BI}/\overline{RBO}$	a	b	c	d	e	f	g	
0	1	1	0	0	0	0	1	1	1	1	1	1	1	0	
1	1	×	0	0	0	1	1	0	1	1	0	0	0	0	
2	1	×	0	0	1	0	1	1	1	0	1	1	0	1	
3	1	×	0	0	1	1	1	1	1	1	1	0	0	1	
4	1	×	0	1	0	0	1	0	1	1	0	0	1	1	
5	1	×	0	1	0	1	1	1	0	1	1	0	1	1	
6	1	×	0	1	1	0	1	0	0	1	1	1	1	1	
7	1	×	0	1	1	1	1	1	1	1	0	0	0	0	
8	1	×	1	0	0	0	1	1	1	1	1	1	1	1	
9	1	×	1	0	0	1	1	1	1	1	0	0	1	1	
10	1	×	1	0	1	0	1	0	0	0	1	1	0	1	
11	1	×	1	0	1	1	1	0	0	1	1	0	0	1	
12	1	×	1	1	0	0	1	0	1	0	0	0	1	1	
13	1	×	1	1	0	1	1	1	0	0	1	0	1	1	
14	1	×	1	1	1	0	1	0	0	0	1	1	1	1	
15	1	×	1	1	1	1	1	1	1	1	1	1	1	1	

5.6.4 实验内容和步骤

1. 74LS148 逻辑功能的测试

将 74LS148 的 $\bar{I}_0 \sim \bar{I}_7$ 引脚和 $\bar{S}$ 管脚分别接在实验箱电平输入区，输出接至实验箱灯显区。根据输入信号的优先级别，按表 5 – 18 进行测试，并将观察结果填入表中。

表 5 – 18 74LS148 逻辑功能的测试

输 入									输 出				
$\bar{S}$	$\bar{I}_0$	$\bar{I}_1$	$\bar{I}_2$	$\bar{I}_3$	$\bar{I}_4$	$\bar{I}_5$	$\bar{I}_6$	$\bar{I}_7$	$\bar{Y}_2$	$\bar{Y}_1$	$\bar{Y}_0$	$\bar{Y}_{EX}$	$\bar{Y}_S$
1	×	×	×	×	×	×	×	×					
0	1	1	1	1	1	1	1	1					
0	×	×	×	×	×	×	×	0					
0	×	×	×	×	×	×	0	1					
0	×	×	×	×	×	0	1	1					
0	×	×	×	×	0	1	1	1					
0	×	×	×	0	1	1	1	1					
0	×	×	0	1	1	1	1	1					
0	×	0	1	1	1	1	1	1					
0	0	1	1	1	1	1	1	1					

2. 译码显示电路的测试

按图 5 – 22 接线，按照表 5 – 19 输入信号，观察 74LS48 的输出和数码管的显示，将其结果记录在表 5 – 19 中。

表 5 – 19 译码显示电路的测试

十进制数	输入二进制码				七段输出高低电平代码							字形显示
	D	C	B	A	a	b	c	d	e	f	g	
0	0	0	0	0								
1	0	0	0	1								
2	0	0	1	0								
3	0	0	1	1								
4	0	1	0	0								
5	0	1	0	1								
6	0	1	1	0								
7	0	1	1	1								
8	1	0	0	0								

表 5 – 19（续）

十进制数	输入二进制码				七段输出高低电平代码							字形显示
	D	C	B	A	a	b	c	d	e	f	g	
9	1	0	0	1								
10	1	0	1	0								
11	1	0	1	1								
12	1	1	0	0								
13	1	1	0	1								
14	1	1	1	0								
15	1	1	1	1								

5.6.5　实验注意事项

（1）实验前要熟悉元件管脚功能,掌握芯片控制端的使用方法。
（2）接电路之前,必须先测试所用元件功能,检查元件是否已损坏。

5.6.6　实验报告要求

（1）整理数据并填好数据表格。
（2）简要说明编码器、译码器工作原理。

5.7　触　发　器

5.7.1　实验目的

（1）掌握各种触发器的功能测试方法。
（2）了解触发器的触发方式及其触发特点。
（3）熟悉触发器之间相互转换的方法。

5.7.2　实验设备

（1）实验箱:一个。
（2）芯片:74LS112 × 1,74LS74 × 1。
（3）示波器:一台。

5.7.3　实验原理

触发器具有两个稳定状态,用以表示逻辑状态"1"和"0",在一定的外界信号作用下,可以从一个稳定状态翻转到另一个稳定状态,它是一个具有记忆功能的二进制信息存储器件,是构成各种时序电路的最基本逻辑单元。

1. JK 触发器 74LS112

JK 触发器是功能完善、使用灵活和通用性较强的一种触发器。它具有置1、置0、保持和翻转的功能。JK 触发器常被用作缓冲存储器、移位寄存器和计数器。

本实验采用74LS112 双 JK 触发器,是下降沿触发的触发器。引脚排列及逻辑符号如图5-23 所示。

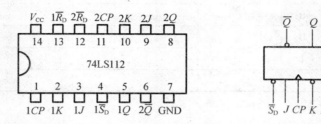

图5-23 74LS112 双 JK 触发器引脚排列及逻辑符号

J 和 K 是数据输入端,是触发器状态更新的依据,CP 是时钟脉冲输入端,$\overline{R}_D$ 和 $\overline{S}_D$ 分别是触发器的外部置0、置1 端,均为低电平有效。当不需要强迫置0、置1 时,$\overline{R}_D$、$\overline{S}_D$ 端应接高电平。Q 与 $\overline{Q}$ 为两个互补输出端。通常把 $Q=0$、$\overline{Q}=1$ 的状态定为触发器"0"状态;而把 $Q=1$,$\overline{Q}=0$ 定为"1"状态。JK 触发器的状态方程为 $Q^{n+1}=\overline{J}Q^n+\overline{K}Q^n$,其逻辑功能如表5-20 所示。

表5-20 74LS112 逻辑功能

输入					输出	
$\overline{S}_D$	$\overline{R}_D$	CP	J	K	Q^{n+1}	$\overline{Q}^{n+1}$
0	1	×	×	×	1	0
1	0	×	×	×	0	1
0	0	×	×	×	不定	不定
1	1	↓	0	0	Q^n	$\overline{Q}^n$
1	1	↓	1	0	1	0
1	1	↓	0	1	0	1
1	1	↓	1	1	$\overline{Q}^n$	Q^n

2. D 触发器 74LS74

在输入信号为单端的情况下,D 触发器用起来最为方便,其特性方程为 $Q^{n+1}=D$,其输出状态的更新发生在 CP 脉冲的上升沿,故又称为上升沿触发的边沿触发器,触发器的状态只取决于时钟到来前 D 端的状态。$\overline{R}_D$ 和 $\overline{S}_D$ 仍为直接置0、置1 端。本次实验所用到的

74LS74 为双上升触发的 D 触发器（有预置、清 0 功能）。其管脚排列及逻辑符号如图 5 – 24
所示，逻辑功能见表 5 – 21 所示。

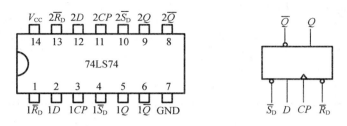

图 5 – 24　74LS74 管脚排列及逻辑符号

表 5 – 21　74LS74 逻辑功能

输入				输出
$\overline{S_D}$	$\overline{R_D}$	CP	D	Q^{n+1}
0	1	×	×	1
1	0	×	×	0
0	0	×	×	不定
1	1	↑	1	1
1	1	↑	0	0

3. 触发器之间的相互转换

在集成触发器的产品中，每一种触发器都有自己固定的逻辑功能，但可以利用转换的
方法获得具有其他功能的触发器。例如，将 JK 触发器的 J、K 两端连在一起，就得到所需的
T 触发器。如图 5 – 25（a）所示，其特性方程为 $Q^{n+1} = T\overline{Q}^n + \overline{T}Q^n$。T 触发器的功能如表
5 – 22 所示。

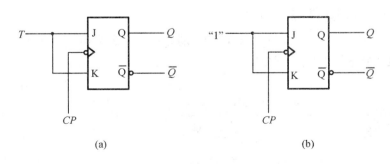

(a)　　　　　　　　　　　　　　　　(b)

图 5 – 25　JK 触发器转换为 T、T′触发器

（a）T 触发器；（b）T′触发器

表 5 - 22 T 触发器的功能

输入				输出
$\overline{S}_D$	$\overline{R}_D$	CP	T	Q^{n+1}
0	1	×	×	1
1	0	×	×	0
1	1	↓	0	Q^n
1	1	↓	1	$\overline{Q}^n$

由功能表可见,当 $T=0$ 时,在时钟脉冲作用后,其状态保持不变;当 $T=1$ 时,时钟脉冲作用后,触发器状态翻转。所以,若将 T 触发器的 T 端置 1,如图 5 - 25(b) 所示,即可得 T′触发器。在 T′触发器的 CP 端每加一个 CP 脉冲信号,触发器的状态就翻转一次,所以 T′触发器称为翻转触发器,广泛应用于计数电路中。

同样,若将 D 触发器 $\overline{Q}$ 端与 D 端相连,便转换成 T′触发器,如图 5 - 26 所示。

JK 触发器也可转换为 D 触发器,如图 5 - 27 所示。

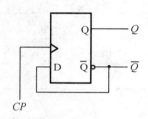

图 5 - 26 D 触发器转成 T′触发器

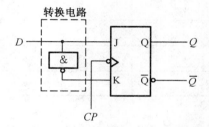

图 5 - 27 JK 触发器转成 D 触发器

5.7.4 实验内容和步骤

1. 测试双 JK 触发器 74LS112 逻辑功能

(1)测试 $\overline{R}_D$、$\overline{S}_D$ 的复位、置位功能

在 74LS112 中任取一只 JK 触发器,$\overline{R}_D$、$\overline{S}_D$ 端分别连接逻辑电平开关,J、K 端悬空,Q、$\overline{Q}$ 端接至灯显区。按表 5 - 23 进行测试。

表 5 - 23 JK 触发器复位、置位功能测试

$\overline{R}_D$	$\overline{S}_D$	Q	$\overline{Q}$	触发器状态
0	1			
1	0			

（2）测试 JK 触发器的逻辑功能

将 JK 触发器的 $\overline{R_D}$，$\overline{S_D}$，J，K 端分别连接逻辑电平开关，CP 端接单次脉冲源，Q、$\overline{Q}$ 端接至逻辑电平显示端，按表 5－24 逐项测试触发器的逻辑功能。并观察触发器状态更新时是否发生在 CP 脉冲的下降沿并记录结果。

表 5－24　JK 触发器的逻辑功能测试

J	K	CP	Q^n	Q^{n+1}
0	0	0→1 ↑	0	
		1→0 ↓		
0	1	0→1 ↑		
		1→0 ↓		
1	0	0→1 ↑		
		1→0 ↓		
1	1	0→1 ↑		
		1→0 ↓		

（3）用 JK 触发器构成 T 触发器

将 JK 触发器的 J、K 端连在一起，即 $J = K = T$ 构成 T 触发器，测试其逻辑功能。设初态 $Q^n = 1$，在 CP 端输入 1 Hz 连续脉冲，观察 Q 端的变化。当 $T = 0$ 和 $T = 1$ 时，用示波器观察并记录 CP 与 Q 端波形之间的关系以及 CP 的触发方式。

2. 测试双 D 触发器 74LS74 的逻辑功能

（1）测试 $\overline{R_D}$、$\overline{S_D}$ 的复位、置位功能

将 $\overline{R_D}$、$\overline{S_D}$ 接逻辑电平开关，D、CP 端悬空，Q、$\overline{Q}$ 接在逻辑电平显示插孔。按表 5－25 进行测试。

表 5－25　D 触发器复位、置位功能测试

$\overline{R_D}$	$\overline{S_D}$	Q	$\overline{Q}$	触发器状态
0	1			
1	0			

（2）测试 D 触发器的逻辑功能

在 74LS74 中任取一个 D 触发器，将 $\overline{R_D}$、$\overline{S_D}$ 接高电平，D 端接电平开关，CP 接单次脉冲源。Q、$\overline{Q}$ 接在灯显区。按表 5－26 进行测试，观察触发器状态更新时是否发生在 CP 脉冲的上升沿并记录结果。

表 5 – 26　D 触发器的逻辑功能测试

D	CP	Q^{n+1}	
		$Q^n = 0$	$Q^n = 1$
0	0→1 ↑		
	1→0 ↓		
1	0→1 ↑		
	1→0 ↓		

(3)用 D 触发器构成 T′触发器

将 D 触发器的 $\overline{Q}$ 端与 D 端相连接,构成 T′触发器。将 $\overline{R}_D$、$\overline{S}_D$ 接高电平,测试其逻辑功能。在 CP 端输入 1 Hz 连续脉冲,用示波器观察并记录 CP 与 Q 端波形之间的关系以及 CP 的触发方式。

5.7.5　实验注意事项

(1)实验前要熟悉元件管脚功能,掌握芯片控制端的使用方法。
(2)接电路之前,必须先测试所用元件功能,检查元件是否已损坏。

5.7.6　实验报告要求

(1)整理数据并填好数据表格。
(2)简要说明 J、K 触发器工作原理。

5.8　计　数　器

5.8.1　实验目的

(1)学习用集成触发器构成计数器的方法。
(2)掌握中规模集成计数器的使用及功能测试方法。

5.8.2　实验设备与器件

(1)实验箱:一个。
(2)芯片:74LS74 × 2,74LS192 × 2,74LS00。

5.8.3　实验原理

计数器是一个用以实现计数功能的时序部件,它不仅可用作计脉冲个数,还常用作数字系统的定时、分频、执行数字运算以及其他特定的逻辑功能。

1. 用 D 触发器构成异步二进制加/减计数器

图 5 - 28 是用四只 D 触发器构成的四位二进制异步加法计数器,它的连接特点是将每只 D 触发器接成 T′触发器,再将低位触发器的 $\overline{Q}$ 端和高一位的 CP 端相连接。清零后,送入第一个计数脉冲,计数器显示为 0001 状态;送入第二个计数脉冲,最低位计数器由"1"到"0",并向高位送出一个进位脉冲,使第二级触发器翻转,成为 0010 状态。依次类推,分别送入十六个脉冲。

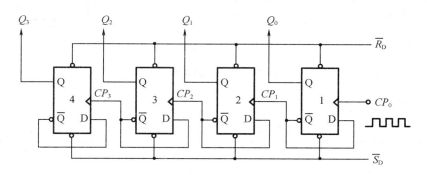

图 5 - 28　四位二进制异步加法计数器

若将图 5 - 28 稍加改动,即将低位触发器的 Q 端与高一位的 CP 端相连接,即构成了四位二进制减法计数器,如图 5 - 29 所示。

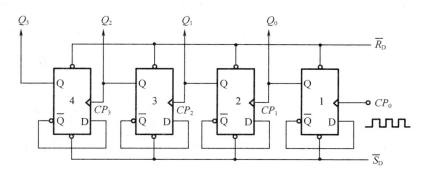

图 5 - 29　四位二进制异步减法计数器

2. 中规模十进制计数器 74LS192

74LS192 是同步十进制可逆计数器,具有双时钟输入,并具有清除和置数等功能,其引脚排列及逻辑符号如图 5 - 30 所示。其中,D_0,D_1,D_2,D_3 为计数器输入端;Q_0,Q_1,Q_2,Q_3 为数据输出端;$\overline{LD}$ 为置数端;CP_U 为加计数端;CP_D 为减计数端;R_D 为清零端;$\overline{CO}$ 为非同步进位输出端;$\overline{BO}$ 为非同步借位输出端。74LS192 的逻辑功能如表 5 - 27 所示。

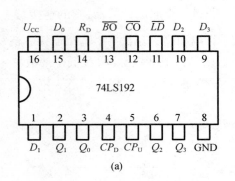
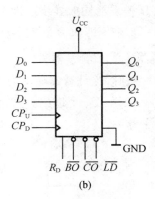

(a)　　　　　　　　　　　　(b)

图 5 – 30　74LS192 引脚排列及逻辑符号

（a）引脚排列；（b）逻辑符号

表 5 – 27　74LS192 的逻辑功能

输入								输出			
R_D	$\overline{LD}$	CP_U	CP_D	D_3	D_2	D_1	D_0	Q_3	Q_2	Q_1	Q_0
1	×	×	×	×	×	×	×	0	0	0	0
0	0	×	×	d	c	b	a	d	c	b	a
0	1	↑	1	×	×	×	×	加计数			
0	1	1	↑	×	×	×	×	减计数			

当清零端 R_D 为高电平"1"时,计数器直接清零;R_D 置低电平则执行其他功能。

当 R_D 为低电平,置数端 $\overline{LD}$ 也为低电平时,数据直接从置数端 D_0,D_1,D_2,D_3 置入计数器。

当 R_D 为低电平,$\overline{LD}$ 为高电平时,执行计数功能。执行加计数时,减计数端 CP_D 接高电平,计数脉冲由 CP_U 输入;在计数脉冲上升沿进行 8421 码十进制加法计数。执行减计数时,加计数端 CP_U 接高电平,计数脉冲由减计数端 CP_D 输入,表 5 – 28 为 8421 码十进制加、减计数器的状态转换表。

加计数 →

表 5 – 28　十进制加、减计数器的状态转换表

输入脉冲数		0	1	2	3	4	5	6	7	8	9
输出	Q_3	0	0	0	0	0	0	0	0	1	1
	Q_2	0	0	0	0	1	1	1	1	0	0
	Q_1	0	0	1	1	0	0	1	1	0	0
	Q_0	0	1	0	1	0	1	0	1	0	1

← 减计数

3. 实现任意进制计数

用复位法获得任意进制计数器,假定已有 N 进制计数器,而需要得到一个 M 进制计数器时,只要 $M < N$,用复位法使计数器计数到 M 时置"0",即获得 M 进制计数器。如图5 – 31 所示为一个由 74LS192 十进制计数器接成的六进制计数器。

一个十进制计数器只能表示 $0 \sim 9$ 十个数,为了扩大计数器范围,常用多个十进制计数器级联使用。同步计数器往往设有进位(或借位)输出端,故可选其进位(或借位)输出信号驱动下一级计数器。图 5 – 32 是由 74LS192 利用进位输出 $\overline{CO}$ 控制高一位的 CP_U 端构成的加数级联图。

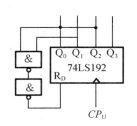

图 5 – 31 六进制计数器

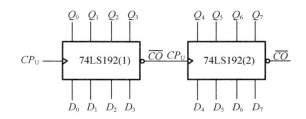

图 5 – 32 74LS192 级联电路

5.8.4 实验内容和步骤

1. 用 74LS74 D 触发器构成四位二进制异步加法计数器

按图 5 – 28 接线,将清零端 $\overline{R}_D$ 接至逻辑电平开关;$\overline{S}_D$ 接逻辑电平开关并置于高电平"1";将低位 CP_0 端接单次脉冲源,输出端 Q_3,Q_2,Q_1,Q_0 接实验箱灯显区,清零后,逐个送入单次脉冲,观察并记录 Q_3,Q_2,Q_1,Q_0 的状态,填入表 5 – 29 中。将单次脉冲改为 1 Hz 的连续脉冲,观察 Q_3,Q_2,Q_1,Q_0 的状态。

表 5 – 29 加法计数器

计数脉冲	二进制码				计数脉冲	二进制码			
CP	Q_3	Q_2	Q_1	Q_0	CP	Q_3	Q_2	Q_1	Q_0
0	0	0	0	0	9				
1					10				
2					11				
3					12				
4					13				
5					14				
6					15				
7					16				
8					17				

2. 用 74LS74 D 触发器构成四位二进制异步减法计数器

将图 5-29 电路中的低位触发器的 Q 端与高一位的 CP 端相连接,构成减法计数器,按照表 5-30 进行实验并记录。

表 5-30　减法计数器

计数脉冲	二进制码				计数脉冲	二进制码			
CP	Q_3	Q_2	Q_1	Q_0	CP	Q_3	Q_2	Q_1	Q_0
0	1	1	1	1	9				
1					10				
2					11				
3					12				
4					13				
5					14				
6					15				
7					16				
8					17				

3. 测试 74LS192 同步十进制可逆计数器的逻辑功能

74LS192 计数脉冲由单次脉冲源提供;R_D 清零端,置数端 $\overline{LD}$,数据输入端 D_3,D_2,D_1,D_0 分别接逻辑电平开关;输出端 Q_0,Q_1,Q_2,Q_3 接实验箱灯显区。

（1）加计数

$CR = 0$,$\overline{LD} = CP_D = 1$,CP_U 接单次脉冲源。清零后送入 10 个单次脉冲,观察译码数字显示器是否按 8421 码十进制状态转换,并记录于表 5-31 中。

表 5-31　74LS192 计数器

计数脉冲	二进制码				十进制数
	Q_3	Q_2	Q_1	Q_0	
0	0	0	0	0	
1					
2					
3					
4					
5					
6					
7					
8					
9					
10					

（2）减计数

$CR = 0, \overline{LD} = CPU = 1, CPD$ 接单次脉冲源。参照加计数器进行实验。

4. 实现任意进制计数

用 74LS192 按图 5 – 31 接线实现一个由十进制计数器转换成六进制的计数器。Q_3，Q_2, Q_1, Q_0 接译码显示输入相应插孔 D, C, B, A。$\overline{CO}$ 和 $\overline{BO}$ 接逻辑电平显示插口，CP_U 接单次脉冲源，进行计数，观察记录其状态。

5. 用 74LS192 计数器的级联

如图 5 – 32 所示，用两片 74LS192 组成两位十进制加法计数器，R_D 接电平开关置高电平，输入 1 Hz 连续计数脉冲，进行由 00 ~ 99 累加计数，观察其变化状态。

将两位十进制加法计数器改为两位十进制减法计数器，实现从 99 ~ 00 递减计数，观察并记录。

5.8.5　实验注意事项

（1）实验前要熟悉元件管脚功能，掌握芯片控制端的使用方法。
（2）接电路之前，必须先测试所用元件功能，检查元件是否已损坏。

5.8.6　实验报告要求

（1）写出实验内容结论。
（2）小结计数电路的步骤。
（3）观察计数器输出状态变化是发生在 CP_U 的上升沿还是下降沿？
（4）总结使用集成计数器的体会。

5.9　555 集成定时器及应用

5.9.1　实验目的

（1）熟悉 555 集成定时器的组成及工作原理。
（2）掌握用 555 定时器构成多谐振荡电路、单稳态电路的方法。
（3）进一步学习用示波器对波形进行定量分析，测量波形的周期、脉宽和幅值等。

5.9.2　实验设备与器件

（1）示波器：一台。
（2）面包板：一块。
（3）万用表：一块。

5.9.3 实验原理

555 定时器是一种多用途的数字 – 模拟混合集成电路,利用它能极方便地构成施密特触发器、单稳态触发器和多谐振荡器。由于使用灵活、方便,555 定时器在波形的产生与交换、测量与控制、家用电器、电子玩具等许多领域中都得到了广泛应用。

555 集成定时器的内部原理与管脚分配如图 5 – 33 所示。它由两个电压比较器 C_1、C_2,三个 5 kΩ 电阻,一个 RS 触发器,一个放电三极管 T_D 组成。比较器 C_1 的同相输入端⑤接到由三个 5 kΩ 电阻组成的分压网络的 $\frac{2}{3}V_{CC}$ 处,反相输入端⑥为阈值电压输入端。比较器 C_2 的反相输入端接到分压网络的 $\frac{1}{3}V_{CC}$ 处,同相输入端②为触发电压输入端。两个比较器的输出控制 RS 触发器。

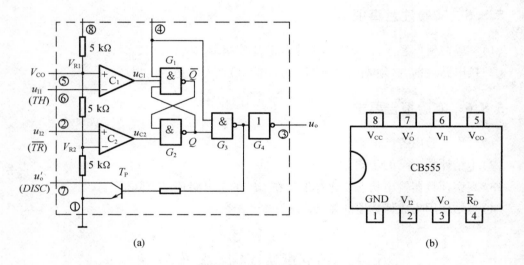

图 5 – 33   555 集成定时器的内部原理及管脚图

(a)内部原理框图;(b)管脚图

当比较器 C_1 的⑥端阈值电压 $V_6 < \frac{2}{3}V_{CC}$,并且比较器 C_2 的②端触发电压 $V_2 < \frac{1}{3}V_{CC}$ 时,C_2 输出为 1、C_1 输出为 0。相应的 RS 触发器 $S = 1, R = 0$。三极管 T_D 截止,555 定时器输出端③为 1。当 $V_2 > \frac{1}{3}V_{CC}$,$V_6 > \frac{2}{3}V_{CC}$ 时,$S = 0, R = 1$,三极管 T_D 导通,555 定时器输出端③为 0。此外,RS 触发器还设有复位端 $\overline{R}_D$,即当④为低电平时,输出③为低电平。控制电压端⑤是比较器 C_1 的基准电压端,通过外接元件或电压可改变控制端的电压值,即可改变比较器 C_1、C_2 的参考电压。不用时可将它与地之间接一个 0.01 μF 的电容,以防止干扰电压引入。555 定时器电源电压范围为 4.5 ~ 18 V,可输出电流范围为 100 ~ 200 mA。555 定时器的基本功能如表 5 – 32 所示。

表 5 – 32　555 定时器的基本功能表

输入			输出	
$\overline{R}_{D}$	u_{I1}	u_{I2}	v_{o}	T_{D} 状态
0	×	×	0	导通
1	$>\dfrac{2}{3}V_{CC}$	$>\dfrac{1}{3}V_{CC}$	0	导通
1	$<\dfrac{2}{3}V_{CC}$	$>\dfrac{1}{3}V_{CC}$	不变	不变
1	$<\dfrac{2}{3}V_{CC}$	$<\dfrac{1}{3}V_{CC}$	1	截止
1	$>\dfrac{2}{3}V_{CC}$	$<\dfrac{1}{3}V_{CC}$	1	截止

1. 用 555 定时器组成施密特触发器

将 555 定时器的 u_{I1} 和 u_{I2} 两个输入端连接在一起作为信号输入端,如图 5 – 34(a)所示,即可得到施密特触发器。

比较器 C_1 和 C_2 的参考电压不同,因而 RS 触发器的置"0"信号($u_{C1}=0$)和置"1"信号($u_{C2}=0$)必然发生在输入信号的不同电平。因此,输出电压 u_o 由高电平变为低电平和由低电平变为高电平所对应的 u_i 值也不同,这样就形成了施密特触发器,其电压传输特性如图 5 – 34(b)所示。

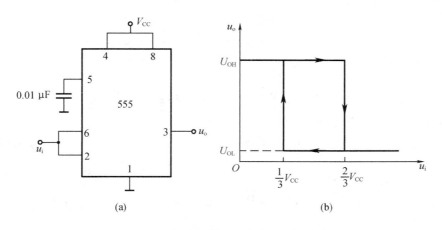

图 5 – 34　施密特触发器电路及工作波形

(a)施密特触发器电路;(b)施密特触发器工作波形

(1)当输入电压 $u_i=0$ 时,$u_o=1$;u_i 由 0 逐渐升高到 $\dfrac{2}{3}V_{CC}$ 时,u_o 由 1 变为 0。

(2)当输入电压 u_i 从高于 $\dfrac{2}{3}V_{CC}$ 逐渐下降到 $\dfrac{1}{3}V_{CC}$ 时,u_o 由 0 变为 1。

由此得到 555 定时器构成施密特触发器的正向阈值电压 $V_{T+}=\dfrac{2}{3}V_{CC}$,负向阈值电压

$V_{T-} = \dfrac{1}{3}V_{CC}$，回差电压 $\Delta V_{T} = V_{T+} - V_{T-} = \dfrac{1}{3}V_{CC}$。

如果参考电压由外接的电压 V_{CO} 供给，则不难看出这时 $V_{T+} = V_{CO}$，$V_{T-} = \dfrac{1}{2}V_{CO}$，

$\Delta V_{T} = \dfrac{1}{2}V_{CO}$，通过改变 V_{CO} 值可以调节回差电压的大小。

2. 用 555 定时器组成多谐振荡器

先将 555 定时器接成施密特触发器，然后在施密特触发器的基础上改接成多谐振荡器。其电路及工作波形如图 5－35 所示。

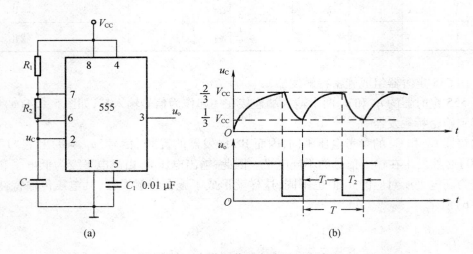

图 5－35　多谐振荡器电路及工作波形
（a）多谐振荡器电路；（b）多谐振荡器工作波形

当 555 定时器输出为高电平时，三极管 T_{D} 截止，电源 V_{CC} 经过 R_{1} 和 R_{2} 对电容 C 充电。随着充电的进行，电容电压 V_{C} 按指数规律上升。

当电容电压 V_{C} 上升到 $\dfrac{2}{3}V_{CC}$ 时，555 定时器输出变为低电平，三极管 T_{D} 导通，此时电容 C 开始经过 R_{2}，T_{D} 放电。随着放电的进行，电容电压 V_{C} 按指数规律下降。

当电容电压 V_{C} 下降到 $\dfrac{1}{3}V_{CC}$ 时，555 定时器输出又变为高电平，三极管 T_{D} 截止，电容 C 又开始充电。如此循环，就可得到幅度一定、周期一定的矩形脉冲波。输出信号的时间参数如下。

正脉冲宽度（电容充电时间）为

$$T_{1} = (R_{1} + R_{2})C\ln2 \approx 0.695(R_{1} + R_{2})C$$

负脉冲宽度（电容放电时间）为

$$T_{2} = R_{2}C\ln2 \approx 0.695R_{2}C$$

振荡周期为

$$T = T_{1} + T_{2} = (R_{1} + 2R_{2})C\ln2 \approx 0.695(R_{1} + 2R_{2})C$$

占空比为

$$q = \frac{T_1}{T} = \frac{R_1 + R_2}{R_1 + 2R_2} > 50\%$$

3. 用 555 定时器组成单稳态电路

若输入的触发信号 V_I 由低触发端输入,并且触发信号为负脉冲,则 555 定时器构成的单稳态触发器电路和工作波形如图 5 - 36 所示。

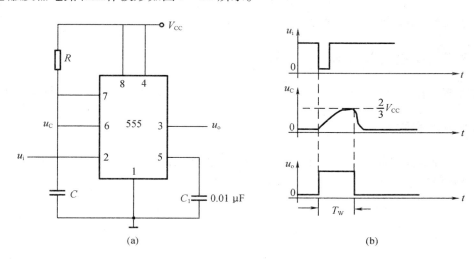

图 5 - 36　单稳态电路及工作波形

(a)单稳态电路;(b)单稳态电路工作波形

当没有触发信号时,V_I 处于高电平,那么稳态时电路一定处于 $V_o = 0$ 状态,此时 T_D 导通,RS 触发器保持 $Q = 0$ 的状态。

当触发负脉冲到来时,$V_I < \frac{1}{3}V_{CC}$,使比较器 C_2 的输出 $V_{C2} = 0$,RS 触发器被置 1,输出跳变为高电平 $V_o = 1$,电路进入暂态。与此同时,T_D 截止,V_{CC} 经 R 开始向电容 C 充电。

当电容充电至 $V_C = \frac{2}{3}V_{CC}$ 时,比较器 C_1 的输出变为 $V_{C1} = 1$。如果此时输入端的触发脉冲已经消失,V_I 又回到了高电平,则 RS 触发器被置 0,于是输出跳变为低电平 $V_o = 0$,同时 T_D 又变为导通状态,电容 C 经过 T_D 迅速放电,直至 $V_C \approx 0$,电路恢复到稳态。

单稳态触发器的周期与它的触发信号周期相等,输出脉冲宽度 T_W 取决于外接电阻 R 和电容 C 的大小。T_W 等于电容电压在充电过程中从 0 上升到 $\frac{2}{3}V_{CC}$ 所需要的时间。

$$T_W = RC\ln3 \approx 1.1RC$$

5.9.4　实验内容和步骤

1. 多谐振荡器

要求振荡电路工作频率为 1 kHz ± 10 Hz,正脉冲宽度 $T_1 = 0.7$ ms,负脉冲宽度 $T_2 = 0.3$ ms。当振荡电路中电容 C 为 0.05 μF 时,求 R_1、R_2 阻值。

用示波器观察并测量振荡电路输出电压 u_o,电容 C 上的电压 u_c,多谐振荡电路的周期 T,正、负脉冲的宽度 T_1 和 T_2。

2. 单稳态电路

要求单稳态脉冲宽度 T_W 为 0.8 ms,电容 $C = 0.05$ μF,求电阻 R。将多谐振荡电路的输出电压 u_o 作为单稳态电路的触发信号,用示波器观察并测量单稳态输出电压 u_o,电容 C 上的电压 u_c,输出电压的脉冲宽度 T_W。

5.9.5　实验注意事项

做完多谐振荡电路实验先不用拆线,单稳态电路的输入信号由多谐振荡电路提供。

5.9.6　实验报告要求

(1)整理实验记录数据,按时间坐标绘出各种波形,并标明电压、时间的数值。
(2)将设计值和实验测量数据进行比较并讨论。

5.10　模　数　转　换

5.10.1　实验目的

了解 A/D 转换器的基本工作原理和基本结构。

5.10.2　实验设备与器件

(1)实验箱:一个。
(2)示波器:一台。
(3)万用表:一块。
(4)芯片:ADC0809 × 1。

5.10.3　实验原理

ADC0809 是采用 CMOS 工艺制成的单片 8 位 8 通道逐次渐近型模/数转换器,其逻辑框图如图 5 – 37 所示。其引脚排列图如图 5 – 38 所示。器件的核心部分是 8 位 A/D 转换器,它由比较器、逐次渐近寄存器、D/A 转换器、控制器和定时器五部分组成。

ADC0809 的引脚功能说明如下:

(1) $IN_0 \sim IN_7$:8 路模拟信号输入端。

(2) $ADDA$, $ADDB$, $ADDC$:三位地址输入端。

(3) ALE:地址锁存允许输入信号,在此脚施加正脉冲,上升沿有效,此时锁存地址码,从而选通相应的模拟信号通道,以便进行 A/D 转换。

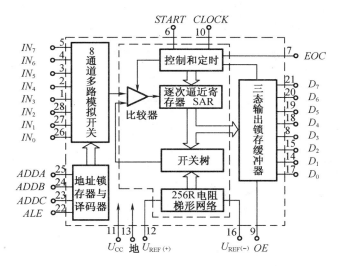

图 5 - 37　ADC0809 转换器逻辑框图

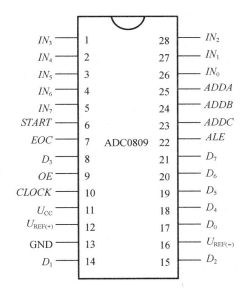

图 5 - 38　ADC0809 引脚排列图

（4）$START$:启动信号输入端,应在此脚施加正脉冲,当上升沿到达时,内部逐次逼近寄存器复位,在下降沿到达后,开始 A/D 转换过程。

（5）EOC:A/D 转换结束输出信号(转换结束标志),高电平有效。

（6）OE:输出允许信号,高电平有效。

（7）$CLOCK(CP)$:时钟信号输入端,外接时钟频率,一般为 640 kHz。

（8）$D_7 \sim D_0$:数字信号输出端。

（9）$U_{REF(+)}$、$U_{REF(-)}$:基准电压的正极、负极。一般 $U_{REF(+)}$ 接 +5 V 电源,$U_{REF(-)}$ 接地。

（10）U_{CC}：电源电压，一般为 +5 V。

ADC0809 实验电路如图 5 - 39 所示。

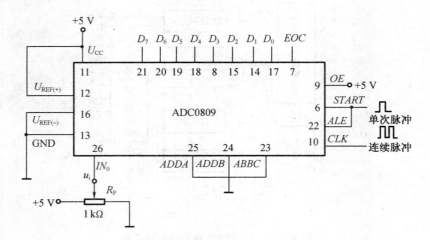

图 5 - 39　ADC0809 实验电路

5.10.4　实验内容和步骤

实验电路按图 5 - 39 连线。

（1）将三位地址线同时接地，选通模拟输入 IN_0 进行 A/D 转换；时钟脉冲端接频率为 500 kHz 的连续脉冲；启动信号 START 和地址锁存信号 ALE 相连，接单次脉冲；输出允许信号 OE 固定接高电平；输出端 $D_0 \sim D_7$ 分别接入灯显区。

（2）调节电位器 R_p，输入单次脉冲，使 ADC0809 的输出 $D_0 \sim D_7$ 全为高电平，测量输入的模拟电压值，将结果填入表 5 - 27 中。

（3）调节电位器 R_p，使输入模拟电压 u_i 分别为 0 V，0.1 V，0.5 V，1 V，2 V，3 V，每次输入一个单次脉冲，观察并记录每次输出端的状态，填入表 5 - 33 中。

表 5 - 33　A/D 转换器的功能测试

输入模拟电压/V	输出							
	D_7	D_6	D_5	D_4	D_3	D_2	D_1	D_0
5								
4								
3								
2								
1								
0.5								
0.2								
0.1								

5.10.5　实验注意事项

（1）ADC0809 模拟输入电压不要过大,以免烧坏芯片。

（2）注意各芯片连接关系,避免误连,烧坏芯片。

5.10.6　实验报告要求

整理好实验数据表格,得出实验结论。

第6章

电子技术综合性实验

6.1 单管交流放大电路的设计与实现

6.1.1 实验目的

（1）学习用 Multisim 分析设计分压式偏置放大电路。
（2）掌握测量放大电路的电压放大倍数、输入电阻和输出电阻的方法。
（3）研究不同的负载对电压放大倍数的影响。
（4）学习放大电路的输入电阻、输出电阻的测量方法。

6.1.2 实验设备

（1）示波器：一台。
（2）函数信号发生器：一台。
（3）交流毫伏表：一台。
（4）万用表：一块。
（5）面包板：一块。
（6）计算机：一台。

6.1.3 实验原理

1. 分压式偏置放大电路的设计

在单管交流放大电路中，典型应用电路如图 6–1 所示，称为分压式偏置放大电路。该电路利用电阻 R_P，R_{b1}，R_{b2} 的分压固定基极电位 U_{BQ}，当温度升高时，$I_{CQ}\uparrow \rightarrow U_{EQ}\uparrow \rightarrow U_{BE}\downarrow \rightarrow I_{BQ}\downarrow \rightarrow I_{CQ}\downarrow$，结果抑制了 I_{CQ} 的变化，从而获得稳定的静态工作点。下面以分压式偏置放大电路为例，介绍放大电路的设计方法。

在设计放大电路前，应该首先明确以下三点内容。第一，设计的放大电路将给定的已知输入信号不失真地放大到多少倍。第二，设计放大电路的负载 R_L 是多少。第三，电路工作频率范围是多少。明确了这三点后就可以开始设计放大电路了。例如，我们要设计一个分压式偏置放大电路,要求将 30 mV 的信号放大到 3 V,负载电阻为 20 kΩ,工作频率范围为 300 ~ 3 400 Hz,三极管 $\beta = 100$。设计步骤如下。

（1）由电路的电压放大倍数 $\dot{A}_u$ 确定 R'_L 和 R_C

如图 6 - 1 所示的分压式偏置放大电路电压放大倍数 $\dot{A}_u = \dfrac{-\beta R'_L}{r_{be}}$,其中 $R'_L = R_C // R_L$。因为要将 30 mV 的信号放大到 3 V,则电压放大倍数 $\dot{A}_u = 100$,所以 $R'_L = \dot{A}_u r_{be} / \beta$。$r_{be}$ 是与工作点有关的量,一般为 1 kΩ 左右,我们取 1.5 kΩ。通过计算得 $R'_L = 1.5$ kΩ,$R_C = \dfrac{R_L R'_L}{R_L - R'_L} \approx 1.6$ kΩ。通常确定 R_C

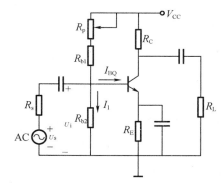

图 6 - 1　分压式偏置放大电路

时必须考虑电压放大倍数 $\dot{A}_u$ 和输出电阻 R_o 的要求,在本例中取 $R_C = 1$ kΩ。

（2）确定静态工作点（U_{CEQ},I_{CQ}）

由负载特性曲线可知,要输出最大不失真电压波形,工作点 Q 应该设置在交流负载线的中点,若忽略晶体三极管截止区的影响,则 $U_{CEQ} = U_{CE(sat)} + \sqrt{2} U_{omax}$。其中,$U_{CE(sat)}$ 为三极管饱和时集电极到基极的压降,一般设为 1 V;U_{omax} 为最大不失真输出电压。这时的 $I_{CQ} = \sqrt{2} U_{omax} / R'_L$。因此,计算可得 $U_{CEQ} = 5.2$ V,$I_{CQ} = 2.8$ mA。

（3）确定电源电压 U_{CC} 和发射极电压 U_{EQ}

通常取 $U_{CC} = (1.2 - 1.5)(I_{CQ} R_C + U_{CEQ} + U_{EQ})$,其中（1.2 - 1.5）为余量系数。$U_{EQ} = 1 ~ 3$ V 或者 $U_{EQ} = 0.2 V_{CC}$。在本例中取 $U_{EQ} = 1$ V,余量系数取 1.2,则 $V_{CC} = 10.8$ V。U_{CC} 可以适当取得高一些,因此取标称系列值 $U_{CC} = 12$ V。

（4）确定发射极电阻 R_E

$R_E \approx \dfrac{U_{EQ}}{I_{CQ}} \approx 357$ Ω,适当加大发射极电阻可以增加电路的稳定性,因此取标称系列值 $R_E = 1.2$ kΩ。

（5）确定基极电压 U_{BQ}

$U_{BQ} = U_{EQ} + U_{BE}$,其中硅管 $U_{BE} = 0.6 ~ 0.8$ V,锗管 $U_{BE} = 0.1 ~ 0.3$ V。在本例中三极管为硅管,取 $U_{BE} = 0.7$ V,则 $U_{BQ} = 1.7$ V。

（6）确定分压偏置电路电流 I_1

取 $I_1 = 10 I_{BQ} = 10 I_{CQ} / \beta = 0.28$ mA。

（7）确定分压偏置电阻 R_{b1} 和 R_{b2}

$R_{b2} = \dfrac{U_{BQ}}{I_1} = 6.07$ kΩ,则 $R_{b1} = \left(\dfrac{U_{CC}}{U_{BQ}} - 1 \right) R_{b2} = 36.77$ kΩ。取标称系列值,则 $R_{b2} = 6.2$ kΩ,$R_{b1} = 36$ kΩ。

（8）确定各电容取值

若电路的最低工作频率为 f_L,则可按下式估算

$$C_1 > (3 ~ 10) \frac{1}{2\pi f_L (R_s + r_{be})}$$

$$C_2 \geq (3 \sim 10) \frac{1}{2\pi f_L (R_C + R_L)}$$

$$C_E \geq (1 \sim 3) \frac{1}{2\pi f_L (R_E // R_s')}$$

其中，$R_s' = \dfrac{R_s + r_{be}}{1 + \beta}$，$R_s$ 为信号源内阻。通常取 $C_1 = C_2$，可在上式中选择电阻最小的式子求 C_1 或 C_2。在本例中取 $C_1 = C_2 = 10\ \mu F$，$C_E = 47\ \mu F$。

2. 分压式偏置放大电路的性能指标与测量方法

（1）电压放大倍数 $\dot{A}_u$

电压放大倍数必须在输入电压 u_i 和输出电压 u_o 波形不失真的情况下测量，通常直接用交流毫伏表测量得到输入、输出电压的有效值 U_i 和 U_o，然后求它们的之比即为电压放大倍数 $|\dot{A}_u| = \dfrac{U_o}{U_i}$。

（2）输入电阻 R_i

测量输入电阻的原理图如图 6 - 2 所示，在信号发生器与被测放大电路之间串接一个已知的电阻 R_s，调整信号发生器的输出，使放大电路输出不失真的波形，用交流毫伏表分别测得电压 U_s 和 U_i，因为电流 $I_i = \dfrac{U_s - U_i}{R_s}$，因此输入电阻 $R_i = \dfrac{U_i}{I_i} = \dfrac{U_i}{U_s - U_i} R_s$。

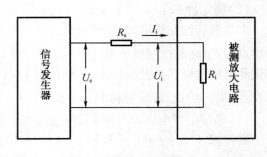

图 6 - 2　测量输入电阻的原理图

（3）输出电阻 R_o

测量输出电阻的原理图如图 6 - 3 所示，先不接负载 R_L，用交流毫伏表测量被测放大电路的开路电压 U_{oc}，然后接上负载 R_L，再测量出带负载两端的电压 U_{oL}，由于 $U_{oL} = \dfrac{R_L}{R_o + R_L} U_{oc}$，因此输出电阻 $R_o = \left(\dfrac{U_{oc}}{U_{oL}} - 1 \right) R_L$。

6.1.4　实验内容和步骤

1. 仿真分析

按照上述设计方法计算相应电阻、电容参数，在 Multisim 平台上建立图 6 - 1 所示的分压式偏置放大电路。鼠标左键双击三极管，选择命令模式 Model，选中晶体管 2N2222A。在出现的晶体管模式对话框中单击"编辑"按钮 Edit，则可显示 2N2222A 参数表。修改表中的 Forward Current Gain Coefficient，即可修改 β 值。通过测

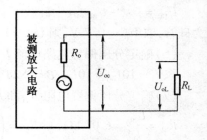

图 6 - 3　测量输出电阻的原理图

量放大电路的静态工作点验证参数设置，研究 U_{CC}，R_C，R_P 的变化对静态工作点的影响。

（1）R_P 对静态工作点的影响

①调节 R_P 和输入信号，使放大器输出波形最大，上、下对称不失真，此时为适当的工作点。去掉信号发生器，测量 U_{BQ}，U_{CQ}，U_{EQ}，计算出 I_{EQ}。

②保持输入信号不变，将 R_P 增大，观察并记录波形。去掉信号发生器，测量 U_{BQ}，U_{CQ}，U_{EQ}，计算出 I_{EQ}，根据波形和数据判断出失真类型。

③保持输入信号不变。将 R_P 减小，观察并记录波形。去掉信号发生器，测量 U_{BQ}，U_{CQ}，U_{EQ}，计算出 I_{EQ}，根据波形和数据判断出失真类型。

（2）电阻 R_C 对静态工作点的影响

在电阻 R_C 上并联 R'_C，$R'_C = R_C$，观察并记录输出波形。去掉信号发生器，测量 U_{BQ}，U_{CQ}，U_{EQ}，计算出 I_{EQ}。将此情况与无 R'_C 时比较。

（3）电源电压 U_{CC} 对静态工作点的影响

将 U_{CC} 由 +12 V 减小至 +6 V，观察并记录输出波形。去掉信号发生器，测量 U_{BQ}，U_{CQ}，U_{EQ}，计算出 I_{EQ}。将此情况与 U_{CC} = +12 V 时比较。

2. 硬件电路测试

通过在 Multisim 平台上对放大电路参数仿真验证后，搭建硬件电路完成如下的测试。

（1）静态工作点的调试与测试

电源 U_{CC} = 12 V，调整电位器 R_{B1} 使 $U_{CQ} \approx 6$ V，此时静态工作点合适，保持 R_{B1} 不变。用万用表直流电压挡测量 U_{BQ}、U_{EQ}，用微安表（毫安表）测量 I_{BQ}、I_{CB}，将测量值填入表 6 – 1 中。

表 6 – 1

U_{CQ}/V	U_{BQ}/V	U_{EQ}/V	I_{BQ}/mA	I_{CQ}/mA
6 V				

根据 I_{BQ}、I_{CQ} 计算出三极管 β 值：

（2）研究负载电阻 R_L 对放大倍数的影响

静态工作点保持不变，令信号发生器输出 15 mV（用晶体管毫伏表测量），f 为 1 000 Hz 的正弦波信号，作为 $\dot{U}_s$ 加入电路中，并测量相应的 $\dot{U}_i$ 值。

在不失真的情况下，用万用表分别测量 $R_L = 3$ kΩ、24 kΩ 和断开（$R_L = \infty$）三种情况下的 U_o 值，填入表 6 – 2 中，并计算出 $|\dot{A}_u|$ 和 $|\dot{A}_{us}|$。

表 6 – 2

R_L/kΩ	U_i/mV	U_o/V	$\left|\dot{A}_u\right| = \dfrac{U_o}{U_i}$	$\left|\dot{A}_{us}\right| = \dfrac{U_o}{U_s}$
3				
24				
∞				

（3）测量放大器的输入和输出电阻

取负载 $R_L = 3$ kΩ，计算出 R_i 和 R_o 填入表 6 – 3 中。$R_i = \dfrac{U_i}{U_s - U_i} R_s$，$R_o = \left(\dfrac{U_{oc}}{U_{oL}} - 1\right) R_L$。其中，$U_{oc}$ 为负载断开时的开路电压，而 U_{oL} 为 $R_L = 3$ kΩ 时的输出电压。

表 6 – 3

U_s/mV	U_i/mV	R_i/Ω	U_{oc}/V	U_{oL}/V	R_o/Ω

（4）观察静态工作点及输入信号过大对放大器失真的影响

①保持 $\dot{U}_i$ 不变，调节 R_p 使 R_{b1} 增加，用示波器观察输出电压 $\dot{U}_o$ 的失真波形。

②保持 $\dot{U}_i$ 不变，调节 R_p 使 R_{b1} 减小，用示波器观察输出电压 $\dot{U}_o$ 的失真波形。

③保持原静态工作点不变，逐渐增大 $\dot{U}_i$，用示波器观察输出电压 $\dot{U}_o$ 的失真波形。

6.1.5　实验注意事项

（1）连接硬件电路时要注意电容的极性。

（2）微安表内阻较大，测完静态工作点后应及时去掉微安表，但要保证线路连接。

6.1.6　实验报告要求

（1）将 $\dot{A}_u$，R_i，R_o 的理论值与测量值进行比较，进行误差分析。

（2）静态工作点对波形失真有无影响？请具体进行分析。

（3）分析 R_L 对放大倍数有什么影响？

6.2　集成直流稳压电源的设计与实现

6.2.1　实验目的

（1）利用集成稳压器 LM317 来设计直流稳压电源。

（2）学习变压器、整流二极管、滤波电容的选择方法。

（3）掌握直流稳压电源电路的调试及主要技术指标的测试方法。

6.2.2　实验设备

（1）示波器：一台。

（2）毫伏表：一块。

（3）电流表：一块。

（4）万用表：一块。

（5）滑线变阻器:一个。

（6）计算机:一台。

6.2.3　实验原理

1. 直流稳压电源的基本原理

直流稳压电源的结构如图 6-4 所示,一般由电源变压器、整流电路、滤波电路及稳压电路构成。各部分电路的作用如下。

电源变压器:是降压变压器,它的作用是将 220 V 的交流电压变换成整流滤波电路所需要的交流电压 u_i。变压器副边与原边的功率比为 $P_2/P_1 = \eta$,式中 η 是变压器的效率。

整流电路:利用单向导电元件,将 50 Hz 的正弦交流电变换成单向脉动的直流电流,可采用桥式整流电路。

滤波电路:可以将整流电路输出电压中的交流成分大部分滤除,输出波纹较小的直流电压 u_o,可采用电容、电感滤波电路。

稳压电路:可利用稳压管或集成稳压器进行稳压。稳压电路可减小电网电压的波动与负载变化对输出直流电压的影响。

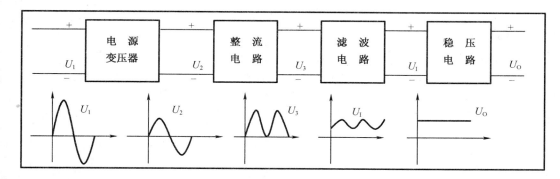

图 6-4　直流稳压电源结构图

2. 直流稳压电源的性能指标

（1）纹波电压

纹波电压是指叠加在输出电压 U_o 上的交流分量。此项性能指标可用纹波抑制比来表示,纹波抑制比的意义为输出端对输入端叠加的交流纹波电压的抑制比,可反映稳压电源对输入端引入的交流纹波电压的抑制能力,即

$$S_R = 20\lg \frac{\Delta U_{i(p-p)}}{\Delta U_{o(p-p)}} \quad \text{dB}$$

其中,$\Delta U_{i(p-p)}$ 和 $\Delta U_{o(p-p)}$ 分别为输入端和输出端交流纹波电压的峰-峰值。用示波器可观测其峰-峰值 $U_{o(p-p)}$ 为毫伏量级。

（2）稳压系数

稳压系数(S_v)的含义为,在负载电流、环境温度不变的情况下,输入电压的相对变化引起输出电压的相对变化,即

$$S_v = \frac{\Delta U_o / U_o}{\Delta U_i / U_i}$$

（3）最大输出电流

指稳压电源正常工作时能输出的最大电流,用 I_{omax} 表示。一般情况下的工作电流 $I_o < I_{omax}$。

（4）输出电压

指稳压电源的输出电压。

（5）输出电阻

在输入电压不变的情况下,输出电阻为输出电流的变化 ΔI_o 引起输出电压的变化 ΔU_o,它表示稳压电源受负载变化影响的程度,其表达式为

$$R_o = -\frac{\Delta U_o}{\Delta I_o}$$

3. 直流稳压电源的设计

本节利用可调式三端集成稳压器 LM317 进行直流稳压电源的设计。设计举例如下:要求输出电压 $U_o = 3 \sim 9$ V,$I_{omax} = 800$ mA,$\Delta U_{o(p-p)} \leqslant 5$ mV,$S_v \leqslant 3 \times 10^{-3}$。

（1）集成稳压器 LM317

可调式的三端集成稳压器输出连续可调的直流电压,常见的有 CW317、LM317 等。LM317 的输出电压 U_o 范围为 $1.2 \sim 37$ V,最大输出电流为 1.5 A。输入与输出工作压差 $\Delta U = U_i - U_o$ 的范围为 $3 \sim 40$ V。内置有过载保护、安全区保护等多种保护电路。如图 6 – 5 所示,LM317 有三个引出端,分别为输入端(3 管脚)、输出端(2 管脚)和电压调整端(1 管脚)。LM317 的典型应用如图 6 – 6 所示,它的使用非常简单,仅需两个外接电阻 R_1 和 R_p 来设置输出电压 U_o,在忽略调整端电流 I_{adj}(一般为 0.05 mA ~ 0.1 mA)时,输出电压的表达式为

$$U_o = \left(1 + \frac{R_p}{R_1}\right) u_{REF}$$

其中,$u_{REF} = 1.25$ V,为输出端与调整端之间的固有参考电压,此电压加于给定电阻 R_1 两端,将产生一个恒定电流通过电位器 R_p,电阻 R_1 的取值一般为 120 Ω ~ 240 Ω,R_p 一般使用精密电位器。在本例中取 $R_1 = 240$ Ω,R_p 选取 4.7 kΩ 的可调电位器。二极管的作用是,防止输出端与地短路时,C_3 上的电压损坏稳压块。选取 $C_i = 0.01$ μF,$C_3 = 10$ μF,$C_o = 1$ μF。

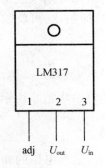

图 6 – 5　LM317 引脚图

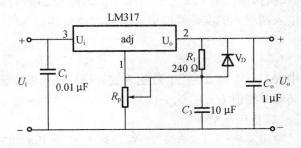

图 6 – 6　LM317 的基本应用电路

（2）电源变压器的选择

稳压器的输入电压范围为

$$U_{omax} + (U_i - U_o)_{min} \leqslant U_i \leqslant U_{omin} + (U_i - U_o)_{max}$$

其中，U_{omax} 是最大输出电压，U_{omin} 是最小输出电压，$(U_i - U_o)_{min}$ 是稳压器的最小输入输出电压差，$(U_i - U_o)_{max}$ 是稳压器的最大输入输出电压差。代入设计要求参数得到稳压器的输入电压范围为

$$12\ \text{V} \leqslant U_i \leqslant 43\ \text{V}$$

通常根据变压器副边输出的功率 P_o 来选择变压器。对于容性负载，变压器副边的输出电压 U_2 与稳压器输入电压 U_i 的关系为

$$\frac{U_{imin}}{(1.1 \sim 1.2)} \leqslant U_2 \leqslant \frac{U_{imax}}{(1.1 \sim 1.2)}$$

在此范围内，U_2 越大，稳压器的压差越大，功耗也就越大，一般取副边电压

$$U_2 \geqslant \frac{U_{imin}}{1.1}$$

副边输出电流有效值为

$$I_2 > I_{omax}$$

在本例中 $U_{imin} = 12\ \text{V}$，$I_{omax} = 800\ \text{mA}$，因此

$$U_2 \geqslant 11\ \text{V}, I_2 > 0.8\ \text{A}$$

取 $I_2 = 1\ \text{A}$，变压器次级输出功率为

$$P_2 \geqslant U_2 I_2 = 11\ \text{W}$$

变压器的效率一般取 $\eta = 70\%$，则变压器初级功率为

$$P_1 \geqslant P_2/\eta = 15.57\ \text{W}$$

为留有余地，设计方案中选取输出电压为 12 V 功率为 20 W 的变压器。

（3）整流二极管及滤波电容的选择

整流二极管 $VD_1 \sim VD_4$ 的反向击穿电压 U_{RWM} 和最大整流电流 I_{OM} 应满足

$$U_{RWM} > \sqrt{2} U_2, I_{OM} > I_{omax}$$

在本例中整流二极管 $VD_1 \sim VD_4$ 选择 IN4001，其反向工作峰值电压 $U_{RWM} = 50\ \text{V}$，最大整流电流 $I_{OM} = 1\ \text{A}$。而 $\sqrt{2} U_2 = 15.6\ \text{V} < U_{RWM}$，$I_{omax} = 0.8\ \text{A} < I_{OM}$，所以满足要求。

滤波电容 C 的容量可由下式估算

$$C = \frac{I_C t}{\Delta U_{i(p-p)}}$$

其中，$\Delta U_{i(p-p)}$ 是稳压器输入端纹波电压的峰-峰值；t 是电容放电时间，$t = T/2 = 0.01\ \text{s}$，T 为 50 Hz 交流电压的周期；I_C 是电容放电电流，可取 $I_C = I_{omax}$；滤波电容 C 的耐压值应大于 $\sqrt{2} U_2$。

根据设计要求，$U_o = 9\ \text{V}$，$U_i = 12\ \text{V}$，$\Delta U_{o(p-p)} = 5\ \text{mV}$，$S_V = 3 \times 10^{-3}$，代入稳压系数公式可得

$$\Delta U_i = \frac{\Delta U_{o(p-p)} U_i}{U_o S_V} = 2.2\ \text{V}$$

再根据电容计算公式可得

$$C = \frac{I_C t}{\Delta U_i} = \frac{I_{omax} t}{\Delta U_i} = 3\ 636\ \mu F$$

在本例中选取两只 2 200 μF 的电容作为 C_1、C_2 相并联。

最终设计的直流稳压电源如图 6 - 7 所示。

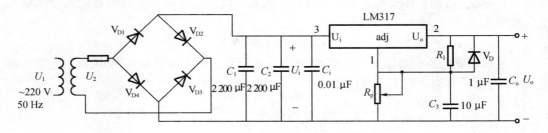

图 6 - 7   LM317 的基本应用电路

6.2.4   实验内容和步骤

1. 仿真分析

按照上述设计方法计算相应电阻、电容参数,在 Multisim 平台上建立如图 6 - 7 所示的直流稳压电路。在 Multisim 的工作区点击右键选择"place component",在弹出的器件选择对话框中进行主要器件的选取。

(1)变压器的选取

在"Group"中选择"Basic",在"Family"中选择"TRANSFORMER",在"Component"中选择具体型号。

(2)二极管的选取

在"Group"中选择"Diodes",在"Family"中选择"DIODE",在"Component"中选择具体型号。或者也可以选择整流桥。在"Diodes"中选择"FWB",在"Component"中选择整流桥的具体型号。

(3)LM317 的选取

在"Group"中选择"Diodes",在"Family"中选择"ZENER",在"Component"中选择具体型号。

(4)电位器的选取

在"Group"中选择"Basic",在"Family"中选择"POTENTIOMETER",在"Component"中选择具体型号。

完成电路连接后进行如下测量:

(1)改变电位器 R_p 阻值,测量输出电压 U_o。

(2)接入一个电位器作为负载,改变负载阻值,测量输出电压 U_o 及负载电流。

(3)测量稳压器的最大输出电流 I_{omax}。

(4)测量稳压系数 S_v。

2. 硬件电路测试

通过在 Multisim 平台上对直流稳压电路参数仿真验证后,搭建硬件电路。首先在变压器的副边接入保险丝,以防止电源输出端短路损坏变压器和其他器件。将滑线变阻器作为负载,用示波器观察输出是否正常,并进行如下测试。

（1）调试电路,使直流稳压电路满足设计要求。

（2）测试电源相关技术指标。

（3）改变负载阻值,测量负载两端电压 U_o 与流过负载的电流 I_o,自拟表格并记录。

6.2.5　实验注意事项

（1）连接硬件电路时要注意电容的极性。

（2）注意整流桥的交流输入端与直流输出端,不允许反接。

（3）实验过程中注意观察集成稳压器有无发烫的现象,如有发烫现象需及时断电,重新检查电路。

6.2.6　实验报告要求

（1）进行实验数据的处理并与设计值进行比较。

（2）用坐标纸绘出直流电源外特性。

（3）得出实验结论。

6.3　集成运算放大器的非线性应用

6.3.1　实验目的

（1）掌握运放在开环、正反馈下的特点。

（2）熟悉比较器电路,掌握其工作原理。

（3）掌握正弦波发生器、方波发生器、三角波发生器的电路及其工作原理。

6.3.2　实验设备

（1）示波器:一台。

（2）直流稳压电源:一台。

（3）函数信号发生器:一台。

（4）交流毫伏表:一台。

（5）面包板:一块。

（6）万用表:一块。

（7）计算机:一台。

6.3.3 实验原理

1. 运放工作在开环(或正反馈)下的特点

运放在开环或引入正反馈下,它工作在饱和区(非线性工作区),这时运放有两个重要特点:

(1)运放的两个输入端不取电流。

(2)运放的两个输入端不一定是等电位。当 $u_- - u_+ > 0$ 时,输出负向饱和电压;当 $u_- - u_+ < 0$ 时,输出正向饱和电压。

2. 滞回比较器

图 6-8(a) 所示为滞回比较器的电路图。比较信号 u_i 由反相输入端加入,参考电压 U_R 接在同相端。输出电压 u_o 经电阻 R_2 反馈到同相端,构成电压串联正反馈。设参考电压 $U_R = 0$,当输出电压为正向饱和电压即 $u_o = U_o^+$ 时,门限高电平 $U_H = \dfrac{R_1}{R_1 + R_f} U_o^+$。当输出电压为负向饱和电压即 $u_o = U_o^-$ 时,门限低电平 $U_L = \dfrac{R_1}{R_1 + R_f} U_o^-$。回差电压 $\Delta U = U_H - U_L$。滞回比较器的工作过程如下:当比较电压 u_i 由小增大到等于门限高电平 U_H 时,运放由正向饱和状态翻转为负向饱和状态;当 u_i 由大减小到等于门限低电平 U_L 时,运放由负向饱和状态翻转为正向饱和状态,电压传输特性如图 6-8(b) 所示。如果比较电压 u_i 为正弦波,则输出电压 u_o 为方波,如图 6-8(c) 所示。由此,比较器可以实现波形的变换。

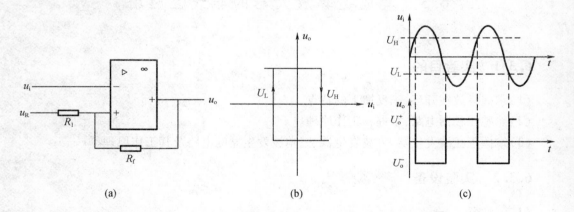

(a)　　　　　　　　　　(b)　　　　　　　　　　(c)

图 6-8　滞回比较器及其传输特性
(a)滞回比较器的电路;(b)滞回比较器传输特性;(c)波形变换

若要使输出电压的幅度限制在 $\pm U_Z$,可采用双向稳压管 D_Z,电路如图 6-9 所示,图中 R_1 是稳压管的限流电阻。

3. 方波发生器

方波发生器是一种能产生方波的信号发生电路,由于方波包含各次谐波分量,因此方波发生器又称为多谐振荡电路。方波发生器的电路如图 6-10 所示,它是由一个反相输入的滞回比较器和一个 RC 积分电路组成的。

电路接通电源瞬时,电路的输出电压 u_o 为正向饱和还是负向饱和纯属偶然。设输出电压 u_o 为正向饱和,即 $u_o = +U_Z$ 时,则电容 C 充电,电容电压 u_c 按指数规律上升,当 $u_c = \dfrac{R_1}{R_1 + R_2} U_Z$ 时,运放的输出翻转为负向饱和电压。若输出电压 u_o 为负向饱和,即 $u_o = -U_Z$ 时,则电容 C 放电,电容电压 u_c 按指数规律下降,当 $u_c = -\dfrac{R_1}{R_1 + R_2} U_Z$ 时,运放的输出又翻转

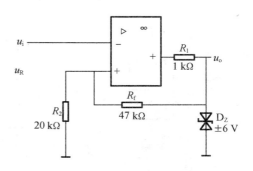

图 6 - 9　具有限幅的滞回比较器

为正向饱和电压,如此循环输出方波电压,波形图如图 6 - 10(b) 所示。输出方波的周期为

$$T = 2RC\ln\left(1 + 2\frac{R_1}{R_2}\right).$$

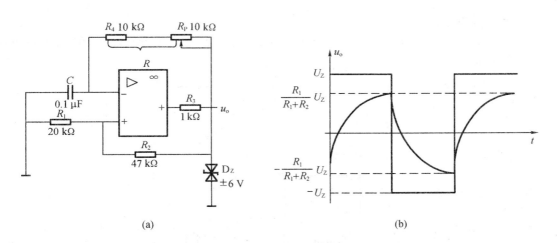

图 6 - 10　方波发生器及其波形图
(a)方波发生器;(b)波形图

4. 三角波发生器

三角波发生器电路如图 6 - 11(a) 所示,它由一个同相输入滞回比较器和一个积分器构成。滞回比较器的输出作为积分器的输入,积分器的输出(即三角波发生器的输出)作为滞回比较器的输入。

设电源接通时, $u_{o1} = U_Z$,则 u_{o2} 线性减小,当 u_{o2} 减小到 $-\dfrac{R_1}{R_2} U_Z$ 时,运放 A_1 输出翻转,变为 $u_{o1} = -U_Z$;当 $u_{o1} = -U_Z$ 时,则 u_{o2} 线性增大,当 u_{o2} 增大到 $\dfrac{R_1}{R_2} U_Z$ 时,运放 A_1 再次输出翻转,变为 $u_{o1} = U_Z$ 。这样便可得到方波 u_{o1} 和三角波 u_{o2} ,波形如图 6 - 11(b) 所示。三角波的峰值 $u_{o2m} = \dfrac{R_1}{R_2} U_Z$,周期 $T = 4\dfrac{R_1}{R_2} RC$ 。

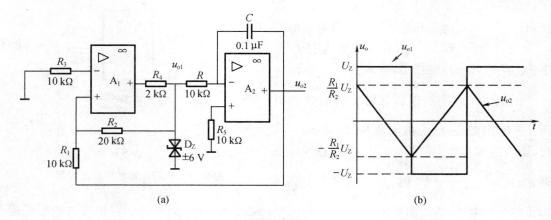

图 6 – 11　三角波发生器及其波形图

（a）三角波发生器电路图；（b）波形图

5. 正弦波发生器

图 6 – 12 所示电路是由运放构成的 *RC* 桥式振荡电路，它是由选频网络（*RC* 串并联网络兼作正反馈网络）和同相输入比例放大器组成的。

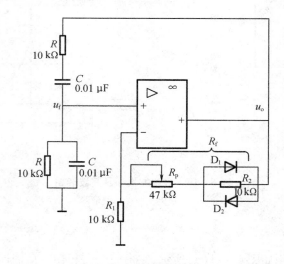

图 6 – 12　正弦波发生器

振荡频率为 $f_0 = \dfrac{1}{2\pi RC}$。在频率 f_0 下，正反馈网络的反馈系数 $F = \dfrac{u_f}{u_0} = \dfrac{1}{3}$，只有同相放大器的放大倍数 $A = 1 + \dfrac{R_f}{R_1} = 3$ 时，才能满足振荡的振幅平衡条件 $AF = 1$，因此应使 $R_f = 2R_1$。为了使电路起振应使 AF 略大于 1，即 R_f 应略大于 $2R_1$，这可由调节 R_p 来实现。

电路中采用二极管来实现稳幅作用，由于起振时输出电压幅度较小，尚不足以使二极管导通，此时 $R_f > 2R_1$，而后随着输出幅度增加，正向二极管导通，其正向电阻逐渐减小，直至 $R_f = 2R_1$ 时振荡稳定。二极管两端并联电阻 R_2 用于适当削弱二极管的非线性影响，以改善输出波形。

6.3.4　实验内容及步骤

1. 主要器件的选取

在 Multisim 平台上进行仿真,然后用分立元件进行硬件实现。在 Multisim 的工作区点击右键选择"place component",在弹出的器件选择对话框中进行主要器件的选取。

(1)集成运算放大器的选取

在"Group"中选择"Analog",在"Family"中选择"OPAMP",在"Component"中选择具体型号。

(2)二极管的选取

在"Group"中选择"Diodes",在"Family"中选择"DIODE",在"Component"中选择具体型号。

(3)稳压管的选取

在"Group"中选择"Diodes",在"Family"中选择"ZENER",在"Component"中选择具体型号。

(4)电位器的选取

在"Group"中选择"Basic",在"Family"中选择"POTENTIOMETER",在"Component"中选择具体型号。

2. 完成电路连接后进行如下测量

(1)滞回比较器

①按图 6 – 9 连接电路。

②观察输入、输出波形。

输入加正弦信号,频率 $f = 150$ Hz, $U_i = 2$ V(有效值),用示波器观察 u_i, u_o 的波形。

③观察、测量传输特性曲线。

将示波器置于 X – Y 显示方式,观察传输特性曲线,测出传输特性曲线上输出电压的限幅值和输入电压的两个门限电压值。

(2)方波信号发生器

①按图 6 – 10(a)连接电路。

②观察 u_o、u_C 的波形,分别在 $R = 10$ kΩ、$R = 20$ kΩ 的情况下测量 u_o、u_C 的峰 – 峰值 $u_{o(p-p)}$ 和 $u_{C(p-p)}$。将振荡周期 T、频率 f 和理论值相比较。

(3)三角波信号发生器

①按图 6 – 11(a)连接电路。

②用示波器观察 u_{o1}、u_{o2} 的波形,测量三角波的峰 – 峰值 $u_{o2(p-p)}$ 和周期 T,且与理论值相比较。

(4)正弦波信号发生器

①按图 6 – 12 连接电路。

②适当调节电位器 R_p,使电路产生振荡,用示波器观察输出波形,应为稳定的最大不失真正弦波,测量输出电压的幅值和周期 T,计算出振荡频率 $f_0 = \dfrac{1}{T}$ 并与理论值相比较。

③在输出为稳定的最大不失真正弦波情况下,测量 $u_+(u_f)$、u_-、u_o(用交流毫伏表测量),验证同相比例放大器放大倍数 $A=\dfrac{u_o}{u_f}$ 是否等于3。

(5)设计一个方波信号发生电路,要求方波的频率为 2 kHz。

6.3.5　实验注意事项

(1)检查连接电路正确后方可通电,实验过程中注意观察集成运算放大器有无发烫的现象,如有发烫现象需及时断电,重新检查电路。

(2)连接电路时注意电容的极性。

6.3.6　实验报告要求

(1)进行实验数据的处理并与理论值进行比较。

(2)试推导方波发生器、三角波发生器振荡周期公式。

(3)试论述反相输入滞回比较器与同相输入滞回比较器的传输特性曲线有何不同。

(4)考虑:正弦波发生器中,集成运放的两个输入端是否应等电位,运放工作在线性区还是非线性区?实验测得 u_+、u_- 是否相等,这是为什么?

6.4　有源滤波器的设计与实现

6.4.1　实验目的

(1)熟悉由集成运放和阻容元件组成的有源滤波器的原理。

(2)学习 RC 有源滤波器的设计及电路调试方法。

6.4.2　实验设备

(1)示波器:一台。

(2)直流稳压电源:一台。

(3)函数信号发生器:一台。

(4)交流毫伏表:一台。

(5)面包板:一块。

(6)万用表:一块。

(7)计算机:一台。

6.4.3　实验原理

滤波器是一种选频电路,当输入信号中含有很多种频率成分时,选频电路能使规定频率范围内的信号通过,而在此频率范围外的信号衰减很大,相当于阻止通过。根据所选频率范围的不同,滤波器可以分为低通滤波器(LPF)、高通滤波器(HPF)、带通滤波器(BPF)、带阻滤波器(BEF)四种。低通、高通、带通和带阻滤波器的幅频特性曲线如图 6－13 所示。

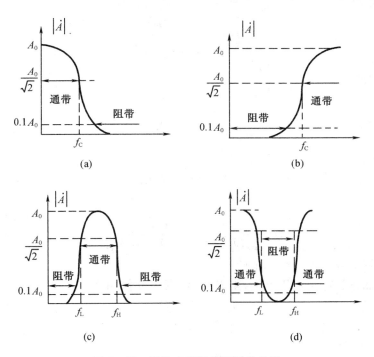

图 6－13　滤波电路的幅频特性曲线

(a)低通滤波;(b)高通滤波;(c)带通滤波;(d)带阻滤波

滤波电路的增益用 A_0 表示。幅频特性曲线中增益下降到 A_0 的 $1/\sqrt{2}$ 时对应的频率称为滤波器的截止频率 f_C(也称 －3 dB 截止频率),f_H 称为上限截止频率,f_L 称为下限截止频率,滤波电路以此划分通带和阻带的依据。

滤波器的传递函数 $H(s)$ 是输出与输入信号电压拉氏变换之比。按传递函数的极点数滤波器又分为一阶滤波器、二阶滤波器等。如果滤波器仅由无源元件(电阻、电容和电感)组成,则称之为无源滤波器。若滤波器含有有源元件(晶体管、集成运放等),则称之为有源滤波器。

由阻容元件和运算放大器组成的滤波电路称为 RC 有源滤波器。集成运算放大器是典型的有源器件,它能使 RC 选频信号得到有效放大,并通过适当的正反馈来提升其选频性能。由于集成运放有限带宽的限制,目前 RC 有源滤波器的工作频率比较低,一般不超过 1 MHz。

1. 低通滤波器

低通滤波器用来通过低频信号,衰减或抑制高频信号。图 6－14 为典型的二阶有源低通滤波器。它由两级 RC 滤波环节与同相比例运算电路组成,反馈回路

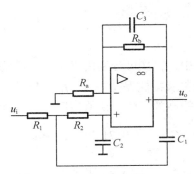

图 6－14　二阶低通滤波器

电容 C_3 的容量一般为 22 pF ~ 51 pF。该滤波器每节 RC 电路衰减 – 6 dB/倍频程。每级滤波器衰减 – 126 dB/倍频程。二阶低通滤波器传递函数为

$$H(s) = \frac{A_{up}\omega_n^2}{s^2 + \dfrac{\omega_n}{Q}s + \omega_n^2}$$

其中通带增益为

$$A_{up} = 1 + \frac{R_b}{R_a}$$

固有角频率为

$$\omega_n = \frac{1}{\sqrt{R_1 R_2 C_1 C_2}}$$

品质因数为

$$Q = \frac{\sqrt{R_1 R_2 C_1 C_2}}{C_2(R_1 + R_2) + (1 - A_{up})R_1 C_1}$$

低通滤波器的设计方法有如下两种。

第一种方法:设 $A_{up} = 1$,$R_1 = R_2$,则 $R_a = \infty$,相关参数如下

$$Q = \frac{1}{2}\sqrt{\frac{C_1}{C_2}}$$

$$f_n = \frac{1}{2\pi R \sqrt{C_1 C_2}}$$

$$C_1 = \frac{2Q}{\omega_n R}$$

$$C_2 = \frac{1}{2Q\omega_n R}$$

$$n = \frac{C_1}{C_2} = 4Q^2 \ (n\ 为阶数)$$

由于通常低通滤波器的增益 $A_{up} = 1$,因而其工作稳定,适用于高 Q 值的场合。

第二种方法:$R_1 = R_2 = R$,$C_1 = C_2 = C$,则

$$Q = \frac{1}{3 - A_{up}}$$

$$f_n = \frac{1}{2\pi RC}$$

其中,f_n、Q 可分别由 R、C 值和运放增益的变化来单独调整,相互影响不大,因此该设计方法要求特性保持一定,f_n 比较适用于在较宽范围内变化的情况,但必须使用精度和稳定性均较高的元件。Q 值按照近似特性有如下分类:

$Q = \dfrac{1}{\sqrt{2}} \approx 0.71$ 为巴特沃斯特性;

$Q = \dfrac{1}{\sqrt{3}} \approx 0.58$ 为贝塞尔特性;

$Q = 0.96$ 为切比雪夫特性。

2. 高通滤波器

与低通滤波器相反,高通滤波器用来通过高频信号,衰减或抑制低频信号。

只要将图 6 - 14 低通滤波电路中起滤波作用的电阻、电容互换,即可变成二阶有源高通滤波器,如图 6 - 15 所示。高通滤波器性能与低通滤波器相反,其频率响应和低通滤波器是"镜像"关系。二阶低通滤波器的传递函数为

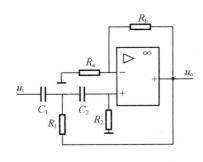

图 6 - 15　二阶高通滤波器

$$H(s) = \frac{A_{up}s^2}{s^2 + \dfrac{\omega_n}{Q}s + \omega_n^2}$$

其中通带增益为

$$A_{up} = 1 + \frac{R_b}{R_a}$$

固有角频率为

$$\omega_n = \frac{1}{\sqrt{R_1 R_2 C_1 C_2}}$$

品质因数为

$$Q = \frac{1/\omega_n}{R_2(C_1 + C_2) + (1 - A_{up})R_2 C_2}$$

下面介绍两种高通滤波器的设计方法。

第一种方法:设 $A_{up} = 1$,$C_1 = C_2 = C$,根据所需要的 Q、$f_n(\omega_n)$ 可得

$$R_1 = \frac{1}{2Q\omega_n C}$$

$$R_2 = \frac{2Q}{\omega_n C}$$

$$n = \frac{R_1}{R_2} = 4Q^2 (n \text{ 为阶数})$$

第二种方法:$R_1 = R_2 = R$,$C_1 = C_2 = C$,根据所需要的 Q、ω_n 可得

$$A_{up} = 3 - \frac{1}{Q}, R = \frac{1}{\omega_n C}$$

3. 带通滤波器

带通滤波器的作用是只允许在某一个通频带范围内的信号通过,而比通频带下限频率低和比上限频率高的信号均加以衰减或抑制。

典型的二阶带通滤波器如图 6 - 16 所示。

当 $R_1 = R_3 = R_4 = R$,$R_2 = 2R$ 时,滤波器的传递函数为

$$H(s) = A_{uf}(s) \frac{sRC}{1 + [3 - A_{uf}(s)]sRC + (sRC)^2}$$

其中,比例系数 $A_{uf}(s) = 1 + \dfrac{R_F}{R_1}$,通带增益 $A_{up} = \dfrac{A_{uf}}{3 - A_{uf}}$,等效品质因数 $Q = \dfrac{1}{3 - A_{uf}}$。

一般情况下，图 6 - 16 电路的性能参数为：通带增益 $A_{up} = \dfrac{R_4 + R_f}{R_4 R_1 CB}$，中心频率 $f_0 = \dfrac{1}{2\pi}\sqrt{\dfrac{1}{R_2 C^2}\left(\dfrac{1}{R_1} + \dfrac{1}{R_3}\right)}$，通带宽度 $B = \dfrac{1}{C}\left(\dfrac{1}{R_1} + \dfrac{2}{R_2} - \dfrac{R_F}{R_3 R_4}\right)$，选择性（等效品质因数）$Q = \dfrac{\omega_0}{B}$。此电路的优点是改变 R_F 和 R_4 的比例就可以改变频宽而不影响中心频率。

4. 带阻滤波器

如图 6 - 17 所示，带阻滤波器的性能和带通滤波器相反，即在规定的频带内信号不能通过（或受到很大衰减或抑制），而在其余频率范围信号则能顺利通过。

在双 T 网络后加一级同相比例运算电路就构成了基本的二阶有源带阻滤波器。其传递函数为

$$G(s) = A_{up}(s)\frac{1 + (sRC)^2}{1 + 2[2 - A_{up}(s)]sRC + (sRC)^2}$$

式中，通带增益 $A_{up} = 1 + \dfrac{R_F}{R_1}$，中心频率 $f_0 = \dfrac{1}{2\pi RC}$，带阻宽度 $B = 2(2 - A_{up})f_0$，选择性 $Q = \dfrac{1}{2(2 - A_{up})}$。

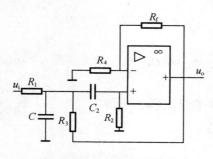

图 6 - 16　二阶带通滤波器

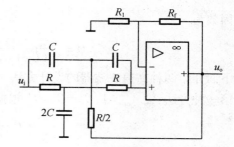

图 6 - 17　二阶带阻滤波器

6.4.4　实验内容及步骤

在 Multisim 平台上进行仿真，然后用分立元件进行硬件实现。

1. 二阶低通滤波器

（1）设计具有巴特沃斯特性的二阶有源低通滤波器，已知 $f_n = 1$ kHz。按照两种方法设计、计算 R、C 的相应参数。

（2）在输出波形不失真的情况下，选取适当幅度的正弦输入信号，将输入信号幅度记入表 6 - 4 中，在维持输入信号幅度不变的情况下，逐点改变输入信号频率。测量输出电压，记入表 6 - 4 中。

（3）根据表 6 - 4 中的数据，描述幅频特性曲线，说明低通滤波器的特点，并在曲线上找到 f_c 点，与理论计算得到的 f_c 进行比较，说明误差原因。

表6-4　二阶低通滤波器幅频特性测试记录

输入信号幅度( )/V

f/Hz	
U_o/V	

2. 二阶高通滤波器

(1)设计具有巴特沃斯特性的二阶有源高通滤波器($Q \approx 0.71$),已知$f_n = 1$ kHz。按照两种方法设计、计算R、C的相应参数。

(2)测量高通滤波器的幅频特性,测量方法与低通滤波器相同,记入表6-5中。

(3)根据表6-5中的数据,描述幅频特性曲线,说明低通滤波器的特点,并在曲线上找到f_c点,与理论计算得到的f_c进行比较,说明误差原因。

表6-5　二阶高通滤波器幅频特性测试记录

输入信号幅度( )/V

f/Hz	
U_o/V	

3. 带通滤波器

带通滤波器电路推荐参数:$R_4 = R_F = 5.1$ kΩ ~ 47 kΩ,$R_2 = R_4 // R_F$,$R_1 = 10$ kΩ ~ 20 kΩ,$R_3 = 10$ kΩ ~ 150 kΩ,$C = 0.01$ μF ~ 0.1 μF,$U_{CC} = 12$ V。

(1)实测电路的中心频率f_0。

(2)以实测中心频率为中心,测试电路的幅频特性,记入表6-6中。

(3)根据表6-6的数据,描绘幅频特性曲线,说明带通滤波器的特点。

表6-6　二阶带通滤波器幅频特性测试记录

输入信号幅度( )/V

f/Hz	
U_o/V	

4. 带阻滤波器

带阻滤波器电路推荐参数:$R_1 = 5.1$ kΩ ~ 47 kΩ, $R_F = 22$ kΩ ~ 200 kΩ,$R = 5.1$ kΩ ~ 47 kΩ,$C = 0.01$ μF ~ 0.1 μF, $U_{CC} = 12$ V。

(1)实测电路的中心频率f_0。

(2)以实测中心频率为中心,测试电路的幅频特性,记入表6-7中。

(3)根据表6-7的数据,描绘幅频特性曲线,说明带阻滤波器的特点。

表 6 - 7   二阶带阻滤波器幅频特性测试记录

输入信号幅度（　　）/V	
f/Hz	
U_o/V	

6.4.5　实验注意事项

（1）滤波器电路接通电源后首先调零和消除自激震荡。
（2）实验过程中，每当换接电路时，必须首先断开电源，严禁带电操作。

6.4.6　实验报告要求

（1）按每项实验内容的要求书写实验报告。
（2）整理实验数据，画出各电路实测的幅频特性。
（3）根据实验曲线，计算截止频率、中心频率、带宽及品质因数。
（4）总结有源滤波器的特性。
（5）由集成运放组成的 RC 有源滤波器的最高工作频率受什么因素限制？请解释其理由。

6.5　正弦波振荡电路的设计与实现

6.5.1　实验目的

（1）掌握 RC 桥式正弦波振荡电路的工作原理和电路结构。
（2）掌握 RC 正弦波振荡器的设计方法。
（3）掌握 RC 正弦波振荡器的调试与测量方法。

6.5.2　实验设备

计算机：一台。

6.5.3　实验原理

1. 正弦波振荡电路产生振荡的条件

正弦波产生电路的目的就是使电路产生一定频率和幅度的正弦波，我们一般在放大电路中引入正反馈，并创造条件，使其产生稳定可靠的振荡。图 6 - 18 为正反馈方框图，正弦波产生电路的基本结构是：引入正反馈的反馈网络和放大电

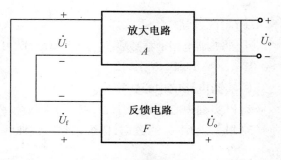

图 6 - 18　正反馈方框图

路。其中：接入正反馈是产生的首要条件，产生振荡必须满足幅度条件；要保证输出波形为单一频率的正弦波，必须具有选频特性；同时它还应具有稳幅特性。因此，正弦波产生电路一般包括放大电路、反馈网络、选频网络、稳幅电路等部分。

2. 正弦波振荡电路的组成

（1）放大电路：保证电路能够从起振到动态平衡的过程，电路获得一定幅值的输出值，实现自由控制。

（2）选频网络：确定电路的振荡频率，是电路产生单一频率的振荡，即保证电路产生正弦波振荡。

（3）正反馈网络：引入正反馈，使放大电路的输入信号等于其反馈信号。

（4）稳幅环节：也就是非线性环节，作用是输出信号幅值稳定。

3. RC 正弦波振荡器

RC 正弦波振荡器是用 R、C 元件组成选频网络的振荡器，一般用来产生 1 Hz ~ 1 MHz 的低频信号。

（1）RC 移相振荡器

RC 移相振荡器的电路如图 6 – 19 所示。

振荡频率：$f_0 = \dfrac{1}{2\pi\sqrt{6}RC}$。

起振条件：放大器的电压放大倍数 $|\dot{A}_u| > 29$。

电路特点：简单，但选频作用差，振幅不稳，频率调节不便，一般用于频率固定且稳定性要求不高的场合。

（2）RC 串并联网络（文氏桥）振荡器

文氏桥振荡器电路如图 6 – 20 所示。

振荡频率：$f_0 = \dfrac{1}{2\pi RC}$。

起振条件：放大器的电压放大倍数 $|\dot{A}_u| > 3$。

电路特点：可方便地连续改变振荡频率，便于加负反馈稳幅，容易得到良好的振荡波形。

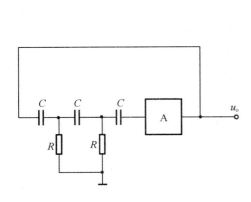

图 6 – 19　RC 移相振荡器电路图

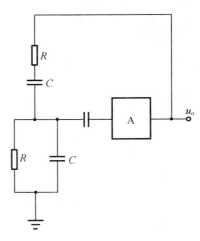

图 6 – 20　RC 振荡器电路图

4. RC 振荡器的设计

RC 振荡器的设计步骤如下。

（1）根据已知的指标，选择电路形式，实验电路如图 6-21 所示。

（2）计算和确定电路中的元件参数。

①根据振荡器的频率 f_0 计算 RC 乘积的值，即

$$RC = \frac{1}{2\pi f_0}$$

②确定 R、C 的值。

为了使选频网络的特性不受运算放大器输入电阻和输出电阻的影响，按 $R_i \gg R \gg R_0$ 的关系选择 R 的值。其中，R_i（几百 $k\Omega$ 以上）为运算放大器同相端的输入电阻，R_0（几百 Ω 以下）为运算放大器的输出电阻。

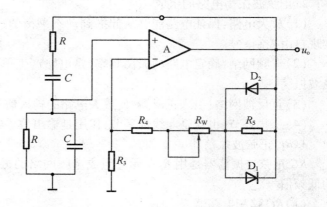

图 6-21 文氏桥振荡器电路图

③确定 R_3 和 R_f 的值（在图 6-21 中 $R_f = R_4 + R_w + r_d // R_5$）。

由振荡的振幅条件可知，要使电路起振，R_f 应略大于 $2R_3$，通常取 $R_f = 2.1R_3$ 以保证电路能起振和减小波形失真。另外，为了满足 $R = R_3 // R_f$ 的直流平衡条件，减小运放输入失调电流的影响。由 $R_f = 2.1R_3$ 和 $R = R_3 // R_f$ 可求出 R_3 与 R_f。为了达到最好效果，R_3 与 R_f 的值还需通过实验调整后确定。

④确定稳幅电路及其元件值。

稳幅电路由 R_5 和两个接法相反的二极管 D_1、D_2 并联而成，如图 6-21 所示。稳幅二极管 D_1、D_2 应选用温度稳定性较高的硅管，而且二极管 D_1、D_2 的特性必须一致，以保证输出波形的正负半周对称。

⑤R_5 与 R_2 的确定。

由于二极管的非线性会引起波形失真，因此为了减小非线性失真，可在二极管的两端并上一个阻值与 r_d（r_d 为二极管导通时的动态电阻）相近的电阻 R_5（R_5 一般取几千欧），然后再经过实验调整，以达到最好效果。R_5 确定后，可按下式求出 R_2，$R_2 = R_4 + R_w$ 即

$$R_2 = R_f - (R_5 // r_d) \approx R_f - R_5/2$$

（3）选择运算放大器。

选择的运放，要求输入电阻高、输出电阻小，而且增益带宽积要满足 $|\dot{A}_u| f_{BW} > 3f_0$。

（4）调试电路，使该电路满足指标要求。

6.5.4 实验内容及步骤

1. 设计一个 RC 正弦波振荡器，要求输出信号的频率为 $f_0 = 800$ Hz。按照设计要求计算元件参数。

2. 在 Multisim 平台上进行仿真验证，然后用分立元件搭建硬件电路。用示波器观察是否有起振。若无起振，应调整 R_w 的大小，使电路满足起振条件后，才能产生振荡波形。当

有输出波形后,调节 R_w 的大小,使振荡波形达到基本不失真时,测量输出电压的幅值和频率。

3. 将所测量的频率与设计所要求的频率相对比,若达不到要求,应根据所测频率的大小,调整 RC 网络中的电阻值或电容值,测量振荡器的频率,直到振荡器的频率达到要求为止。

6.5.5　实验注意事项

(1)要注意电路的起振条件,如果 $|AF| < 1$,则电路不可能振荡;$|AF| > 1$,则电路能够振荡,但是会出现明显的非线性失真,需要加强稳幅环节的作用。

(2)要使电路起振,R_f 应略大于 $2R_3$,以保证电路能起振和减小波形失真。

6.5.6　实验报告要求

(1)整理实验数据,计算振荡频率,并与理论值进行比较分析,找出产生误差的原因。
(2)若要改变电路的振荡频率,应改变哪一个元件的值?
(3)若要改变振荡波形的幅度,应改变哪一个元件的值?

6.6　组合、时序逻辑电路的设计与实现

6.6.1　实验目的

(1)掌握组合逻辑电路的设计与测试方法。
(2)学习用集成触发器构成计数器的方法。
(3)学习用 Quartus II 原理图设计方法设计简单电路。

6.6.2　实验设备

计算机:一台。

6.6.3　实验原理

数字逻辑电路可分为两类:组合逻辑电路和时序逻辑电路。组合逻辑电路中不包含记忆单元(触发器、锁存器等),主要由逻辑门电路构成,电路在任何时刻的输出只和当前时刻的输入有关,而与以前的输入无关。时序逻辑电路则是指包含了记忆单元的逻辑电路,其输出不仅跟当前电路的输入有关,还和输入信号作用前电路的状态有关。

1. 组合逻辑电路的设计方法
组合逻辑电路的设计过程如图 6-22 所示,一般分为如下三步进行:
(1)由实际的逻辑问题通过逻辑分析得出真值表。
(2)由真值表写出逻辑表达式并通过卡诺图进行化简。
(3)由化简后的逻辑表达式设计出最后的组合逻辑电路。

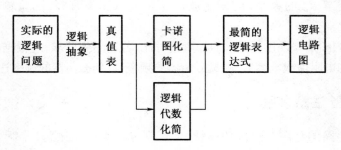

图 6 – 22　组合逻辑电路的设计过程框图

2. 同步时序逻辑电路的设计方法

同步时序逻辑电路的设计是分析的逆过程,其任务是根据实际逻辑问题的要求设计出能实现给定逻辑功能的电路。同步时序逻辑电路的设计过程如图 6 – 23 所示。

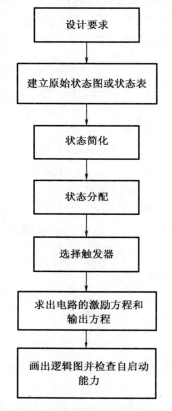

图 6 – 23　同步时序逻辑电路的设计过程框图

(1)根据给定的逻辑功能建立原始状态图和真值表。

①明确电路的输入条件和相应的输出要求,分别确定输入变量和输出变量的数目及符号。

②找出所有可能的状态和状态转换之间的关系。

③根据原始状态图建立原始状态表。

（2）状态化简。

在相同的输入下有相同的输出,转换到同一个状态去的两个状态称为等价状态。合并等价状态,消去多余状态的过程称为状态化简。

（3）状态分配（状态编码）。

给每个状态赋以二进制代码的过程。

根据状态数确定触发器的个数,$2^{n-1} < M \leqslant 2^n$（$M$ 为状态数,n 为触发器的个数）。

（4）选择触发器的类型。

（5）求出电路的激励方程和输出方程。

（6）画出逻辑图并检查自启动能力。

6.6.4　实验内容及步骤

1. 实验内容

（1）设计一个 3 人表决器。当 3 个人中有 2 人或 2 人以上同意时,决议通过。要求使用与非门进行设计。

（2）设计一个电影院自动售票电路,假设只售一种票,票价 30 元,其投币口每次只能投入一张 10 元或 20 元的纸币,投入 30 元后给出一张电影票,投入 40 元后（两张 20 元）给票同时找回 10 元。要求:写出详细的逻辑分析过程,列出电路的状态转移表,用卡诺图化简,画出详细的逻辑图,使用 D 触发器进行设计。

2. 实验步骤

此部分为实验内容（2）的步骤。

（1）首先进行逻辑分析,确定输入输出变量

假设输入 20 元和 10 元纸币分别用 A、B 表示,作为电路输入,给出票和找钱用 Y、Z 表示,作为电路输出。A、B 为 1 表示投入钱币,A、B 为 0 表示没有投入钱币;Y 为 1 表示给出票,Y 为 0 表示不给票;Z 为 1 表示要找钱,Z 为 0 表示不要找钱。

（2）建立原始状态图和真值表

假设未投币前状态为 $S0$,投入 10 元纸币后为 $S1$,投入 20 元后（两张 10 元或一张 20 元）为 $S2$,若再投入 10 元,则回到 $S0$,同时输出 $Y = 1$,$Z = 0$,若再投入 20 元,则回到 $S0$,同时输出 $Y = 1$,$Z = 1$,由此可知,电路总状态数为 $M = 3$ 已经足够。

（3）状态编码,填卡诺图,化简

因为 $M = 3$,所以取触发器数目为 $n = 2$,把 $S0$,$S1$,$S2$ 分别编码为 00,01,10,输入 A、B 再加上两个触发器的原态 Q_1^n、Q_0^n,共 4 个输入变量,因为投币口每次只能接受一张纸币,不能同时接收两张,所以不能出现 $AB = 11$ 的情况,于是把 $AB = 11$ 作为约束项

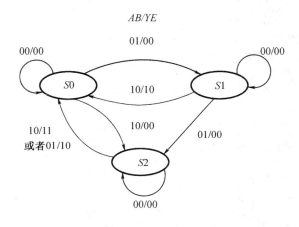

图 6 - 24　状态转换图

处理。状态转换图和卡诺图如图6–24和图6–25所示。

$Q_1^n Q_0^n$ ╲ AB	00	01	11	10
00	00/00	01/00	××/××	10/00
01	01/00	10/00	××/××	00/10
11	××/××	××/××	××/××	××/××
10	10/00	00/10	××/××	00/11

图 6–25 卡诺图

由卡诺图可得 $Q_1^{n+1}, Q_0^{n+1}, Y, Z$ 的逻辑表达式分别为

$$Q_1^{n+1} = Q_1^n \overline{A}\,\overline{B} + \overline{Q_1^n}\,\overline{Q_0^n}A + Q_0^n B$$

$$Q_0^{n+1} = Q_0^n \overline{A}\,\overline{B} + \overline{Q_1^n}\,\overline{Q_0^n}B$$

$$Y = Q_0^n A + Q_1^n B + Q_1^n A$$

$$Z = Q_1^n A$$

由于使用 D 触发器，所以驱动方程为

$$D_1 = Q_1^{n+1} = Q_1^n \overline{A}\,\overline{B} + \overline{Q_1^n}\,\overline{Q_0^n}A + Q_0^n B$$

$$D_0 = Q_0^{n+1} = Q_0^n \overline{A}\,\overline{B} + \overline{Q_1^n}\,\overline{Q_0^n}B$$

（4）自动售票逻辑图如图 6–26 所示

3. 在 Quartus II 平台上进行仿真验证

主要器件选择方法：双击桌面空白处，在弹出的器件选择对话框"name"栏写入相应元件的名称。

（1）D 触发器："dff"。

（2）三输入、二输入与门："and3""and2"。

（3）非门："or"。

（4）三输入、二输入与非门："nand3""nand2"。

（5）输入、输出引脚："input""output"。

6.6.5　实验注意事项

（1）每次修改电路图都要重新保存、编译再仿真。

（2）合理地编排输入数值以便观察正确的输出。

6.6.6　实验报告要求

（1）总结时序逻辑电路与组合逻辑电路的区别。

（2）分析实验中遇到的问题。

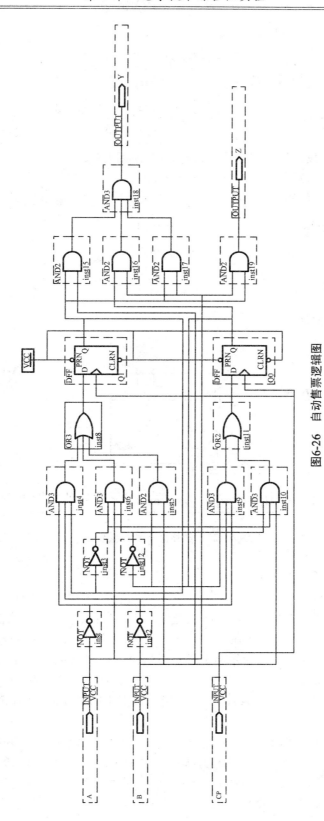

图6-26　自动售票逻辑图

6.7 红外报警器电路

6.7.1 实验目的

(1)了解红外收,发对管的工作特点,并掌握其使用方法。

(2)学习由 555 定时器构成多谐振荡器的方法。

(3)掌握蜂鸣器的使用。

6.7.2 实验设备

(1)示波器:一台。

(2)万用表:一块。

6.7.3 实验原理

红外报警器电路如图 6-27 所示。

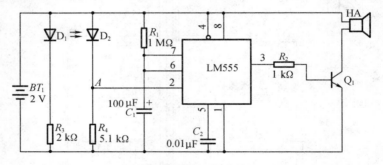

图 6-27 红外报警器电路图

1. 主要器件的工作原理和特点

(1)红外收,发对管

红外发光管的特点:红外发光管发出的光波是不可见的,它发出的峰值波长在 940 nm 左右,属红外波段。红外发光管是在正向电压下工作的,它的正向特性和普通二极管一样。对它施加几伏正向电压以后,就会发出不可见的红外光。当这束光被光敏元件接收到时,就可以使硅光敏管有电流输出。由于发光二极管是在正向电压下工作的,因此它的发光强度随着正向电压的增大而增加。使用时,在规定的极限正向电流内,选择最佳正向电流,使输出光功率尽可能放大。

红外线接收二极管是用来接收红外发光二极管产生的红外线光波,并将其转换为电信号的一种半导体器件。为减少可见光对其工作产生干扰,红外线接收管通常采用黑色树脂封装(外观颜色呈黑色),以滤掉 700 nm 以下波长的光线。在红外接收二极管的管体顶端有一个小斜切平面,通常带有此斜切平面一侧的引脚为负极,另一端为正极。

（2）蜂鸣器

蜂鸣器是一种一体化结构的电子讯响器,采用直流电压供电,广泛应用于计算机、打印机、复印机、报警器、电子玩具、汽车电子设备、电话机、定时器等电子产品中当作发声器件。

（3）555 定时器电路

555 定时器电路工作原理参考第 5 章实验 5.9。

2. 电路工作原理

当无人进入监视区时,红外接收管接收到红外发光管发出的光,A 点的电位较高,3 脚输出低电平,蜂鸣器不响;当有人进入监视区时,红外接收管接收不到红外发光管发出的光,A 点的电位降低,3 脚输出高电平,蜂鸣器响,表示有人进入监视区。

6.7.4　实验内容及步骤

（1）熟悉原理图,对各个器件的作用先要有充分的认识,这样在连接电路时,才能更好地摆放元件和连线;按照原理图中的元件作用来合理摆放元件,一般先确定核心元件位置,然后再由此来摆放其他元件。

（2）线路检查正确即可通电,检验电路功能。

6.7.5　实验注意事项

（1）实验前要熟悉元件管脚功能。

（2）实验前必须先测试所用元件功能,检查元件是否已损坏。

6.7.6　实验报告要求

（1）写出实验中出现的问题,提出解决方案?

（2）挡住 D_1 时,观察 A 点电位是否发生变化。

（3）分析 U_{R_3} 对地没有电位或电压很小的原因是什么。

（4）挡住 D_1,A 点电位下降,蜂鸣器不响,分析原因。

6.8　定时报警电路的设计与实现

6.8.1　实验目的

（1）熟悉常用中规模计数器的逻辑功能。

（2）掌握二进制计数器和十进制计数器的工作原理与使用方法。

（3）熟练掌握利用 74LS90 计数器设计其他进制计数器的方法。

6.8.2　实验设备

（1）示波器:一台。

（2）直流稳压电源：一台。

（3）面包板：一块。

（4）万用表：一块。

（5）计算机：一台。

6.8.3　实验原理

该设计可以采用 555 定时器接成的多谐振荡器提供秒脉冲信号，通过对两个十进制计数器外电路的连接构成任意进制的计数器，计数器的计数输出通过译码器由数码管显示出来，这样就实现了定时功能。通过逻辑变换，可以用逻辑门驱动蜂鸣器实现报警功能。将两个计数器置数端接有效电平可实现预置数功能，若预置数设为报警点，即可实现任意时间报警功能；而接非有效电平可实现 00~99 计数。定时报警电路的设计框图如图 6-28 所示。

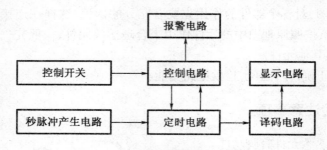

图 6-28　定时报警电路设计框图

1. *CP* 脉冲产生电路

由 555 定时器构成的多谐振荡器可输出矩形脉冲，其具体电路与周期的计算可参考第 5 章实验 5.9。

2. 定时电路

定时电路由 74LS90 实现，74LS90 为中规模 TTL 集成计数器，可实现二、五、十进制异步计数器。它是由一个二进制计数器和一个五进制计数器构成的。74LS90 的结构图与功能表如图 6-29 和表 6-8 所示。

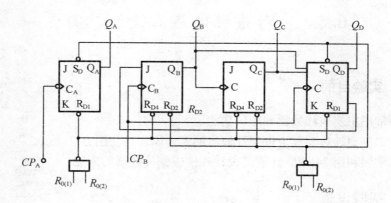

图 6-29　74LS90 内部结构图

表 6 - 8 74LS90 功能表

输入				输出			
$R_{0(1)}$	$R_{0(2)}$	$R_{9(1)}$	$R_{9(2)}$	Q_D	Q_C	Q_B	Q_A
1	1	0	×	0	0	0	0
1	1	×	0	0	0	0	0
×	×	1	1	1	0	0	1
×	0	×	0	计数			
0	×	0	×	计数			
0	×	×	0	计数			
×	0	0	×	计数			

74LS90 有两个时钟输入端 CP_A 和 CP_B，其中 CP_A 和输出端 Q_A 为第一级触发器的输入、输出端，该级是一个二进制的计数器。CP_B 和 Q_B，Q_C，Q_D 为后三级触发器的时钟输入端和输出端，构成一个五进制的计数器。若将 Q_A 和 CP_B 相连时，时钟脉冲从 CP_A 输入，构成了 8421BCD 码十进制计数器。也可以将 Q_D 与 CP_A 相连，时钟脉冲从 CP_B 输入，构成 5421 码十进制计数器。74LS90 为下降沿触发，它有两个清零端 $R_{0(1)}$、$R_{0(2)}$ 和两个置 9 端 $R_{9(1)}$、$R_{9(2)}$。只有当 $R_{0(1)}$、$R_{0(2)}$ 同时为高电平时，且 $R_{9(1)}$、$R_{9(2)}$ 不同时为高电平时，74LS90 的输出才为 0000。在 $R_{9(1)}$、$R_{9(2)}$ 同时为高电平时，不论 $R_{0(1)}$、$R_{0(2)}$ 为何值，输出均为 1001，即为"9"。

定时器报警电路如图 6 - 30 所示。74LS48 和数码显示原理请参考第 5 章实验 5.6。

6.8.4 实验内容及步骤

（1）按图 6 - 30 进行连线。
（2）接通各部分电源，验证电路功能。

6.8.5 实验注意事项

（1）实验前要熟悉元件管脚功能。
（2）实验前必须先测试所用元件功能，检查元件是否已损坏。

6.8.6 实验报告要求

（1）写出制作过程中出现的问题，如何解决？
（2）回答下列问题：
a. 叙述各部分完成的任务。
b. 叙述电路工作原理。

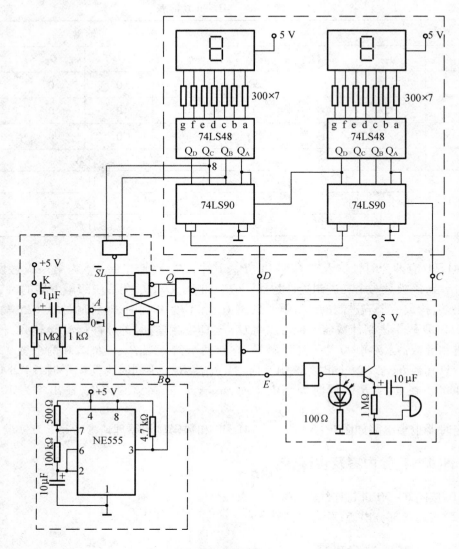

图 6 - 30　定时器报警电路图

6.9　AD 转换与温度传感器

6.9.1　实验目的

（1）掌握 A/D 转换器 ADC0804 的基本使用方法。

（2）了解 LM35 温度传感器相关原理及使用方法。

（3）了解 ADC0804 与外部接口的相关知识。

6.9.2 实验设备

（1）示波器：一台。
（2）万用表：一块。

6.9.3 实验原理

1. ADC0804 原理介绍

ADC0804 是八位逐次渐近型的 A/D 转换器，它采用 CMOS 工艺，20 只引脚采用双列直插式封装。它有三态锁存器可直接驱动数据总线，与微机相连时不需要附加接口电路。

ADC0804 的主要性能如下：

（1）分辨率为 8 位；

（2）最大转换误差为 ±1 LSB；

（3）转换时间为 100 μs；

（4）逻辑电平与 CMOS 和 TTL 电路兼容；

（5）+5 V 单电源供电；

（6）可对 0 ～ +5 V 的输入模拟电压进行转换。

ADC0804 的典型应用如图 6 − 31 所示，各引脚说明如下。

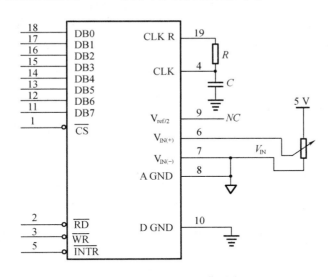

图 6 − 31 ADC0804 的典型应用

$\overline{CS}$：芯片选择引脚，此为低态驱动引脚，若 $\overline{CS}$ = 0，则 ADC0804 动作；若 $\overline{CS}$ = 1，则 ADC0804 不动作，输出数据引脚 DB0 ～ DB7 呈现高阻抗状态。

$\overline{RD}$：数据读取引脚，此为低态驱动引脚，若 $\overline{CS}$ = 0 且 $\overline{RD}$ = 0 时，则可由 DB0 ～ DB7 读取 ADC0804 的输出数字数据。

$\overline{WR}$：开始转换引脚，此为低态动作引脚，若 $\overline{WR}$ = 0，即可使 ADC0804 开始进行模拟 − 数字转换动作。

$\overline{\text{INTR}}$:完成转换引脚,此为低态动作引脚,若$\overline{\text{INTR}} = 0$,表示 ADC0804 已完成模拟 – 数字转换动作,而此信号常被用来通知微控制器,请它中断提取数字数据。

CLK:时钟脉冲输入引脚,ADC0804 接收 100 kHz ~ 1 460 kHz 的时钟脉冲。我们可配合 CLK R 引脚,以外加的电阻、电容由内部电路自行产生时钟脉冲,如图 6 – 31 所示,其频率为

$$f_{\text{CLK}} = \frac{1}{1.1RC}$$

CLK R:时钟脉冲输出引脚,可连接电阻以产生时钟脉冲。

$V_{\text{REF/2}}$:参考电压输入引脚。通常本引脚所连接的电压是输入模拟电压最大值的一半。

$V_{\text{IN}(+)}$:模拟电压输入引脚,所输入的模拟电压不得超过引脚的电压。

$V_{\text{IN}(-)}$:模拟电压输入引脚。

V_{CC}:电源引脚或参考电压引脚,通常是在连接 +5 V,作为电源。若 $V_{\text{REF/2}}$ 引脚没有连接参考电压,则 ADC0804 以本引脚上的电压为参考电压。

D GND:数字信号接地引脚。

A GND:模拟信号接地引脚,通常本引脚都与 *D GND* 引脚连接后接地,若处理高干扰性的模拟信号,本引脚可单独接地。

DB0 ~ DB7:数字输出数据引脚,此 8 个引脚为三态式输出,可直接连接微控制器的数据总线,若此 IC 不输出时,本引脚可单独接地。

内部时钟的原理为 *RC* 积分电路与施密特触发器组成的多谐振荡器,其自激振荡周期 $T_{\text{CLK}} \approx 1.1RC$,其中 *R* 为 10 kΩ 左右。典型应用参数为 $R = 10$ kΩ,$C = 150$ pF,$f_{\text{CLK}} = 640$ kHz,每秒转换 1 万次。

在图 6 – 31 所示的电路中,由于是单端输入,输入电压范围为 0 ~ 5 V,所以将 $V_{\text{IN}(-)}$ 接地,$V_{\text{IN}(+)}$ 接输入模拟信号 V_{IN}。此外,由于 $V_{\text{REF/2}}$ 端悬空,则由内部电路提供的参考电压 $V_{\text{REF}} = 5$ V。其转换公式为

$$(B)_{10} = 2^7 D_7 + 2^6 D_6 + \cdots + 2^1 D_1 + 2^0 D_0 = \frac{2^8}{V_{\text{REF}}} V_{\text{IN}}$$

图 6 – 32 为 ADC0804 电路工作时序图。电路的工作过程如下:由于$\overline{CS}$端接地即片选信

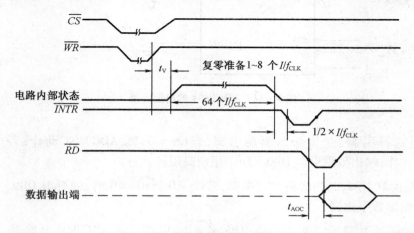

图 6 – 32　电路工作时序图

号始终有效,所以先使控制信号 $\overline{WR}$ 为低电平,即可启动 A/D 转换器开始转换,在 $\overline{WR}$ 上升沿后约 100 μs 转换完成,中断请求信号 $\overline{INTR}$ 输出自动由高电平变为低电平;此后使控制信号 $\overline{RD}$ 为低电平就可打开输出三态门,送出数字信号。在 $\overline{RD}$ 前沿后 $\overline{INTR}$ 又自动变为高电平。

　　如果想要对 −5 V ~ +5 V 范围内输入的双极性模拟信号实现八位 A/D 转换(如图 6 – 33 所示),在模拟电压输入 $V_{\mathrm{IN}(+)}$ 端加上输入电压转换电路将输入电压范围变为 0 ~ +5 V 即可,其转换公式为

$$(B)_{10} = 2^7 D_7 + 2^6 D_6 + \cdots + 2^1 D_1 + 2^0 D_0 = \frac{2^8}{V_{\mathrm{REF}}}$$

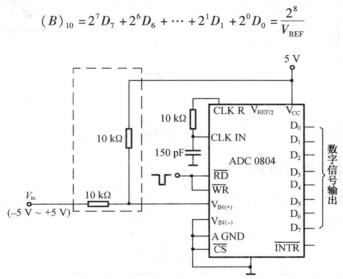

图 6 – 33　ADC0804 对 5 V 双极性模拟信号实现 A/D 转换电路

2. 温度传感器 LM35D

　　LM35D 是把测温传感器与放大电路做在一个硅片上,形成一个集成温度传感器,如图 6 – 34 所示。

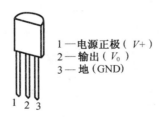

1—电源正极($V+$)
2—输出(V_0)
3—地(GND)

图 6 – 34　LM35D 温度传感器

　　LM35D 是一种输出电压与摄氏温度成正比例的温度传感器,其灵敏度为 10 mV/℃,工作温度范围为 0 ℃ ~ 100 ℃,工作电压为 4 ~ 30 V,精度为 ±1 ℃,最大线性误差为 ±0.5 ℃,静态电流为 80 μA。其输出电压与摄氏温标呈线性关系,转换公式为

$$V_{\mathrm{out}}(T) = 10 \text{ mV/℃} \times T \text{ ℃}$$

该温度传感器最大的特点是,使用时无需外围元件,也无需调试和校正,只要外接一个

1 V 的表头(如指针式或数字式的万用表),就成为一个测温仪,如图 6 – 35 所示。0 ℃时输出电压为 0 V,每升高 1 ℃,输出电压增加 10 mV。

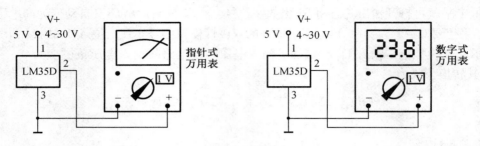

图 6 – 35　测温仪

3. 显示电路

74LS48 及数码管显示原理参考第 5 章实验 5.6。

6.9.4　实验内容及步骤

按图 6 – 33 连接电路,然后在输入模拟电压 V_{in} 的不同取值下,测试 ADC0804 的输出数字信号,记入表 6 – 9 中。

表 6 – 9

模拟电压输入	计算值	测量值
	$D_7\ D_6\ D_5\ D_4\ D_3\ D_2\ D_1\ D_0$	$D_7\ D_6\ D_5\ D_4\ D_3\ D_2\ D_1\ D_0$
5		
4		
3		
2		
1		
0		
−1		
−2		
−3		
−4		
−5		

按图 6 – 36 所示连接好电路,然后在不同温度取值下(可用手按住温度传感器,其输出电压就会线性增加),测试 ADC0804 的输入,输出数字信号、LED 数码显示值,并记入表 6 – 10 中。

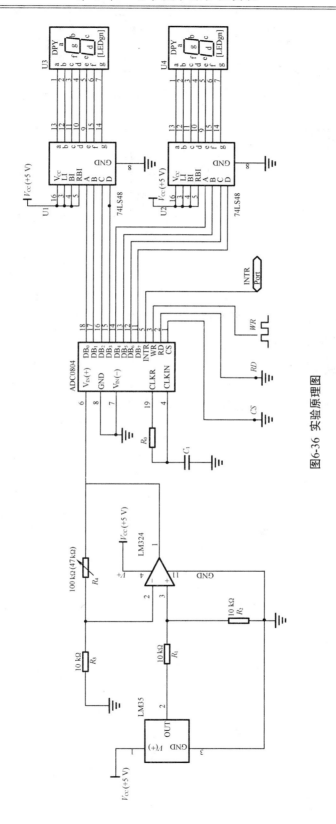

图6-36　实验原理图

表 6－10　模拟电压与输出数字量的关系表

模拟输入电压 /V	输出数字量									
	模拟电压值	LED 显示值	测量值							
			D_7	D_6	D_5	D_4	D_3	D_2	D_1	D_0
温度 1										
温度 2										
温度 3										
温度 4										
温度 5										

6.9.5　实验注意事项

（1）正确连接电路，经指导教师检查允许后方可接通电源。
（2）ADC0804 的模拟输入电压不要过大，以免烧坏芯片。
（3）注意各芯片连接关系，避免误连烧坏芯片。

6.9.6　实验报告要求

（1）整理好实验数据表格，将各有关计算项目填入表中。
（2）分析实验结果。

第7章

电子技术设计性实验

7.1 心电信号放大器

7.1.1 设计要求

(1)信号放大 1 000 倍。

(2)输入阻抗≥10 MΩ。

(3)共模抑制比 K_{CMRR}≥60 dB。

(4)频率响应为 0.05~100 Hz。

(5)先利用 Multisim10.0 软件进行系统仿真,再搭建硬件进行测试。

7.1.2 设备与器材

(1)直流稳压电源:一台。

(2)示波器:一台。

(3)毫伏表:一台。

(4)万用表:一台。

(5)面包板:一块。

7.1.3 设计原理

心电测量仪器通过传感器系统把心脏跳动信号转化为电压信号波形,一般为微伏到毫伏数量级,这时需要经过信号放大才能驱动测量仪把波形绘制出来,所以心电信号放大系统是心电测量仪器的主要组成部分。对放大系统的要求为,能有效放大微弱的心电波信号,同时抑制干扰信号。心电波放大系统的框图如图 7-1 所示,各级模块的功能如下。

(1)差动输入级:放大有用的微弱心电波信号(差模信号),同时抑制零点漂移。

(2)共模抑制级:放大有用的微弱心电波信号(差模信号),同时抑制无用的共模干扰。

图7-1　心电波放大系统框图

（3）频带放大级：在频率0.05～100 Hz范围内放大信号，滤掉其他频率范围的信号。设计参考电路如图7-2所示。

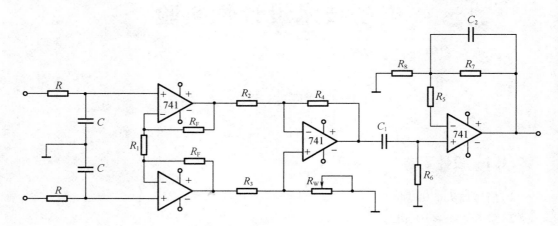

图7-2　心电波放大电路原理图

差动输入级中电阻R用于限流及保护运放，电容C用于滤掉高频杂散信号，因电路结构和参数对称，可以抑制零点漂移。差动输入级电压放大倍数为

$$A_1 = -\left(1 + \frac{2R_F}{R_1}\right)$$

共模抑制级放大差模信号、抑制共模信号，该级电压放大倍数为

$$A_2 = -\left(\frac{R_4}{R_2}\right)$$

频带放大级放大差模信号并抑制低频（小于0.05 Hz）、高频（大于100 Hz）干扰信号，该级电压放大倍数为

$$A_3 = 1 + \frac{R_7}{R_8}$$

上、下限频率为

$$f_L = \frac{1}{2}R_6C_1$$

$$f_H = \frac{1}{2}R_7C_2$$

系统中各级电路放大倍数分别确定为：差动输入级3倍，共模抑制级10倍，频带放大级34倍，总放大倍数为1 000。

调试过程中注意事项如下：

（1）静态电位检查：输入短路接地，测量各级运放输入和输出的对地电压均应为零。

（2）信号放大倍数检查：以 1 mV,50 Hz 的正弦信号模拟心电波信号加到放大器的输入端,用示波器依次显示各点的波形应为放大后的不失真正弦波,用交流电压表测量各级的输出电压应分别为 1 mV,1.5 mV,30 mV,1 000 mV。

（3）上、下限频率检查：输入 1 mV、100 Hz 的正弦信号到放大器的输入端,示波器检测的正弦波形应不失真。

（4）验证输入阻抗是否大于 10 MΩ。

7.2　函数信号发生器

7.2.1　设计要求

（1）函数信号发生器可以产生方波、三角波、正弦波。

（2）信号波形频率范围：10 ~ 100 Hz 、1 kHz ~ 10 kHz。

（3）输出电压峰 – 峰值：方波 $v_{pp} = 6$ V,正弦波 $v_{pp} < 24$ V,三角波 $v_{pp} = 12$ V。

（4）先利用 Multisim 10.0 软件进行系统仿真,再搭建硬件进行测试。

7.2.2　设备与器材

（1）直流稳压电源：一台。

（2）示波器：一台。

（3）毫伏表：一块。

（4）万用表：一块。

（5）面包板一块。

7.2.3　设计原理

函数信号发生器一般是指能自动产生正弦波、三角波、方波、锯齿波、阶梯波等电压波形的电路或仪器。根据用途不同,有产生三种或多种波形的函数发生器,使用的器件可以是分立元件,也可以采用集成电路。为进一步掌握电路的理论及实验调试技术,本实验介绍由集成运算放大器组成的正弦波 – 方波 – 三角波函数发生器的设计方法。

产生正弦波、方波、三角波的方案有多种,如首先产生正弦波、然后通过整形电路将正弦波变换成方波,再由积分电路将方波变成三角波。其电路组成框图如图 7 – 3 所示。

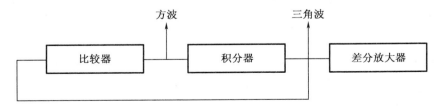

图 7 – 3　函数发生器组成框图

1. 方波 – 三角波转换电路

如图 7 – 4 所示,运算放大电器 A_1 和 A_2 使用双运放 $\mu A747$,因为方波的电压幅度接近电源电压,所以取电源电压 V_{CC} 为 ±12 V。运算放大电器 A_1 和 A_2 的元件参数可参照如下计算。由于 U_{o2} 输出最大值为

$$U_{o2} = \frac{R_2}{R_3 + R_{P1}} V_{CC}$$

因此

$$\frac{R_2}{R_3 + R_{P1}} = \frac{U_{o2m}}{V_{CC}} = \frac{4}{12} = \frac{1}{3}$$

取 $R_2 = 10 \text{ k}\Omega$,则 $R_3 + R_{P1} = 30 \text{ k}\Omega$,取 $R_3 = 20 \text{ k}\Omega$,$R_{p1} = 50 \text{ k}\Omega$ 的电位器,平衡电阻 $R_1 = R_2 //$ $(R_3 + R_{p1}) \approx 10 \text{ k}\Omega$。输出波形的频率为

$$f = \frac{R_3 + R_{p1}}{4R_2(R_4 + R_{p2})C_2}$$

当 $1 \text{ Hz} \leqslant f \leqslant 10 \text{ Hz}$ 时,取 $C_2 = 10 \text{ μF}$,则 $R_4 + R_{p2} = (7.5 \sim 75) \text{ k}\Omega$,取 $R_4 = 5.1 \text{ k}\Omega$,$R_{p2}$ 为 $100 \text{ k}\Omega$ 的电位器,平衡电阻 $R_2 = 10 \text{ k}\Omega$。

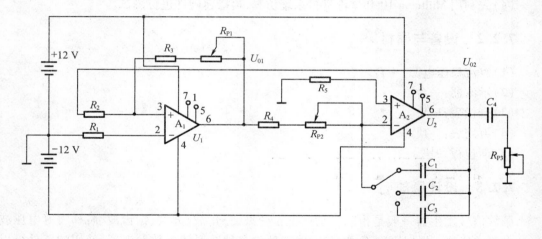

图 7 – 4 方波 – 三角波转换参考电路图

2. 三角波 – 正弦波转换电路

如图 7 – 5 所示,参数选择原则如下:隔直电容 C_5、C_6 要较大,因为输出频率低,取 $C_5 = C_6 = 470 \text{ μF}$;滤波电容 C_7 的大小视输出波形而定,若含高次谐波成分较多,C_7 可取值较小,一般为几十 pF 至 0.1 μF;$R_{e2} = 100 \text{ }\Omega$ 与 $R_{p4} = 100 \text{ }\Omega$ 并联,以较小差分放大器线性区,差分放大器的静态工作点可通过观测传输特性曲线,调整 R_{P4} 及电阻 R^* 确定。

该函数信号发生器是由三级单元电路组成的,在调试时应按照单元电路的先后顺序进行分级装调与级联。

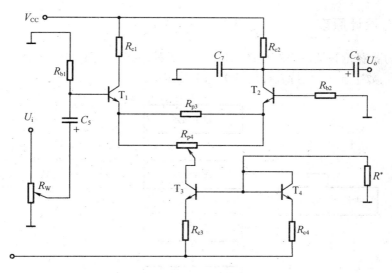

图 7 - 5   三角波 - 正弦波转换参考电路图

7.3   8 路智力竞赛抢答器

7.3.1   设计要求

(1)设计智力竞赛抢答器,可同时供 8 名选手参加比赛,他们的编号分别是 0,1,2,3,4, 5,6,7,各用一个抢答按钮,按钮的编码与选手的编码相对应。

(2)给节目主持人设置一个控制开关,用来控制系统的清零(显示数码管不亮)及表示抢答可以开始。

(3)抢答器具有数据锁存和显示功能。抢答开始后,若有选手按动抢答按钮,该选手的编号立即锁存,并在 LED 数码管上显示出选手的编码。此外,要封锁输入电路,禁止其他选手抢答。优先抢答选手的编码一直保持到主持人将系统清零为止。

(4)抢答器具有音响提示功能,当选手按下按钮的同时,有声音响起。

(5)先利用 Quartus II 9.0 软件进行系统仿真,再搭建硬件进行测试。

7.3.2   设备与器材

(1)直流稳压电源:一台。

(2)示波器:一台。

(3)毫伏表:一块。

(4)万用表:一块。

(5)面包板:一块。

7.3.3 设计原理

8 路智力竞赛抢答器的系统框图如图 7 - 6 所示,这个电路由输入开关、判决器、锁存电路、声音提示、数字显示、主持人控制开关等部分组成。

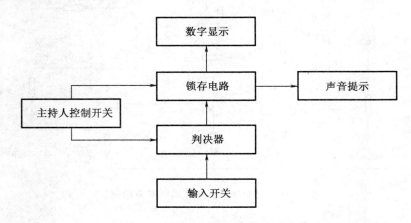

图 7 - 6 8 路智力竞赛抢答器系统框图

抢答器的工作过程是:接通电源时,节目主持人将开关置"清零"位置,抢答器处于禁止工作状态,显示器灯熄灭呈黑屏状态,然后节目主持人将控制开关拨到"开始"位置,抢答器处于工作状态;当节目主持人宣读题目内容后,说一声"抢答开始",选手考虑好答案后立即按下摆在面前的抢答键,在这期间抢答器要完成以下三项工作。

(1)优先编码器电路立即分辨出抢答者的编号,并由锁存器进行锁存,然后由译码显示电路显示该选手编号,并由喇叭发出"叮咚"提示声。

(2)控制电路要对输入电路进行封锁,避免其他选手再次进行抢答。

(3)选手回答问题完毕,节目主持人操作控制开关,使开关再次置"清零"位置,使编号显示器灯熄灭呈黑屏状态,然后将控制开关拨到"开始"位置,以便进行下一轮抢答。

从以上分析可以看出,电路的功能有两个:一是,能分辨出选手按键的先后,并锁存优先抢答者的编号,供译码显示电路用;二是,一旦有选手抢答成功,要使其他选手的按键操作无效。选用优先编码器 74LS148 和 RS 锁存器 74LS279 可以完成上述功能。

7.4 多功能数字钟

7.4.1 设计要求

(1)数字形式显示"时""分""秒",按 24 小时计时制计时。

(2)具有校时的功能,能够对"时""分""秒"进行调整。

(3)具有整点报时功能,发出 1 kHz 的音频信号,时间持续 3 秒钟。

(4)具有闹钟功能,闹钟声音持续 1 分钟。

（5）先利用 Quartus II 9.0 软件进行系统仿真，再搭建硬件进行测试。

7.4.2　设备与器材

（1）直流稳压电源：一台。
（2）示波器：一台。
（3）万用表：一块。
（4）面包板：一块。

7.4.3　设计原理

数字钟的总体框图如图 7-7 所示。

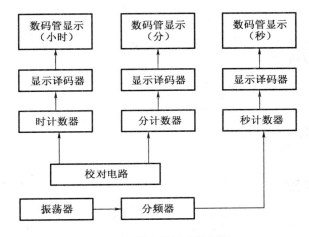

图 7-7　数字钟的总体框图

（1）产生"秒"信号（1 Hz）。可利用 1 MHz 晶振经 10^6 分频得到。也可由 555 定时器构成的多谐振荡器产生 1 kHz 信号，然后经 10^3 分频得到。分频电路可由 74161 实现。

（2）分、秒计数器为模 60 的计数器。可由 2 片 74160 构成的 BCD 码模 60 计数器实现。

（3）时计数器是一个 24 小时制的计数器，当数字钟运行到 23 小时 59 分 59 秒时，秒的个位计数器再输入一个秒脉冲时，数字钟应自动显示出 00 时 00 分 00 秒。可由两片 74160 构成的 BCD 码模 24 计数器实现。

（4）校时是数字钟的基本功能。对校时电路的要求是，在小时校正时不影响分、秒的正常计数，在分校正时，不影响秒和小时的正常计时。

校时电路原理如下：

①校时电路用一路调教脉冲，不经过秒和分计数器直接输入时计数器，使时计数器快速计数，当快速计数到要求的时间后，关断调校脉冲，接入计数脉冲使计数脉冲器正常计数，达到校"时"的目的。输入的调校脉冲频率越高，调校速度越快。本电路可使用"秒"脉冲作为"时"的调校脉冲。

②校"分"电路同校"时"电路一样，把调校脉冲直接加入"分"计数器即可。

③校"秒"电路有两种方式：

a. 停止秒计数, 等待计数达到显示的秒数, 开始计数。

b. 用于大于 1 Hz 的脉冲输入 "秒" 计数器, 使 "秒" 计数器快速计数, 计数到要求的秒数时, 关断调校脉冲, 加入秒脉冲正常计数即可。

7.5　实用的家用电器定时插座

7.5.1　设计要求

(1) 了解分频集成电路 IC CD4060 的工作原理。

(2) 利用分频集成电路 IC CD4060 设计定时插座。

(3) 定时时间可调。

7.5.2　设备与器材

(1) 直流稳压电源: 一台。

(2) 示波器: 一台。

(3) 万用表: 一块。

(4) 面包板: 一块。

7.5.3　设计原理

参考图 7 - 8 所示电路。其核心是一片带振荡器的 14 级分频集成电路 IC CD4060。在通电的瞬间, C_4、R_6 产生一尖脉冲, 使 IC 复位, LED 灯一闪一灭, 以表示计时开始。震荡周期由 IC 的 9, 10, 11 脚的 RC 元件决定, 当 $R_8 > 2R_9$, IC 的工作电压 V_{CC} 约为 10 V 时, $t = 2.3R_9C_5$。计数器在时钟的下降沿做增量计数, 最长延时为 $T = 2^{14-1}t$, 按图中的数据计算得到延时 T 约为 180 min, 如需要延长时间, 则可以增大 C_5 的容量, 改变 R_9 的值, 可以调节振

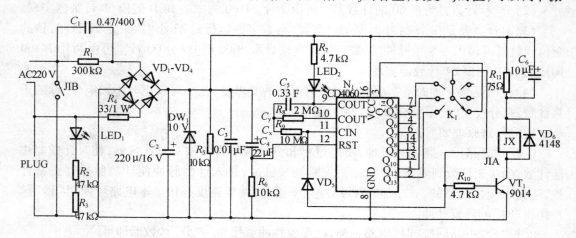

图 7 - 8　家用电器定时插座电路图

荡器的频率,电路中选择 IC 的 7,1,2,3 脚作为输出,定时时间分别为:0 挡为 12 s,1 挡为 45 min,2 挡为 90 min,3 挡为 180 min。到定时时间后,IC 的输出跳变为高电平,使 VT_1 饱和导通,继电器 K_1 吸合,输出插座 PLUG 得电,LED1 点亮,同时高电平通过 VD_5 强迫 IC 停振,LED_2 熄灭,一次定时结束。

　　该定时插座比较适合于电饭煲使用,如上午上班时开好 3 小时定时,中午回家时正好把饭煮好,可避免上班时就将电饭煲通电,长时间保温后米饭口味变差,而且又费电。如果定时关,可通过继电器 K_1 的常闭触点引出。如果在 VD_5 上串联一只开关,可进行单定时,循环定时的选择。VD_5 接通时为单定时,断开时则为循环定时,也就是到定时时间后,继电器吸合,再过定时时间后,又断开,这样一直循环下去,对电热毯之类的负载比较适合。

　　IC 选用 CD4060,晶体管 VT_1 选用 9014 型,发光二极管为普通型,二极管 $VD_1 \sim VD_4$ 用 IN4007,稳压二极管 DW 选用 10 V 稳压管,VD_5、VD_6(续流二极管)选用 IN4148 型,继电器 K_1 选用 HG4123 或其他合适的型号。C_6 使刚上电时 10 V 全部加在继电器线圈上(继电器刚开始需要大电流启动)R_{11} 不能太大,要满足继电器工作的最小电流。

参 考 文 献

[1] 廉玉欣.电子技术基础实验教程[M].北京:机械工业出版社,2010.

[2] 沈红卫.电工电子实验与实训教程:电路·电工·电子技术[M].北京:电子工业出版社,2012.

[3] 路勇.电子电路实验及仿真[M].2版.北京:清华大学出版社,2010.

[4] 于卫.模拟电子技术实验及综合实训教程[M].武汉:华中科技大学出版社,2008.

[5] 邹其洪,黄智伟,高嵩.电工电子实验与计算机仿真[M].北京:电子工业出版社,2003.

[6] 孙肖子.现代电子线路和技术实验简明教程[M].2版.北京:高等教育出版社,2009.

[7] 王冠华.Multisim 11 电路设计及应用[M].北京:国防工业出版社,2010.

[8] 刘征宇.电子电路设计与制作[M].福州:福建科学技术出版社,2003.

[9] 戴伏生.基础电子电路设计与实现[M].北京:国防工业出版社,2002.

[10] 申文达.电工电子技术系列实验[M].3版.北京:国防工业出版社,2011.

[11] 王鲁云,张辉.模拟电路实验教程[M].大连:大连理工大学出版社,2010.

[12] 李良荣.EWB 9 电子设计技术[M].北京:机械工业出版社,2007.